생존의 물질,
맛의 정점 소금

생존의 물질, 맛의 정점 소금

: 인류건강과 역사 뒤흔든 짠맛의 과학

초판 1쇄 인쇄 2022년 11월 08일
초판 1쇄 발행 2022년 11월 25일

지은이 최낙언 **펴낸이** 황윤억
편집 김순미 윤정란 황인재 **디자인** 홍석문(엔드디자인) **경영지원** 박진주
발행처 헬스레터/(주)에이치링크 **등록** 2012년 9월 14일(제2015-225호)
주소 서울 서초구 남부순환로 333길 36(해원빌딩4층) 우편번호 06725
전화 마케팅 02)6120-0258 **편집** 02)6120-0259 **팩스** 02) 6120-0257

● 값은 뒤표지에 있습니다. ISBN

이 도서는 한국출판문화산업진흥원의 '2022년 우수출판콘텐츠 제작 지원' 사업 선정작입니다.

전자우편 gold4271@naver.com **영문명** HL(Health Letter)

五味사이언스
짠 맛 과 학

인류 건강과
역사 뒤흔든
짠맛의 과학

생존의 물질, 맛의 정점 소금

| 최낙언 지음 |

헬스레터

머리말

우리의 건강과 역사를 뒤흔든 소금 이야기

맛에 대해 책을 쓰기 시작하면서 오미(五味)에 대해서는 MSG(monosodium glutamate, 글루탐산의 모노나트륨염)에 대한 논란이 많아 감칠맛(감칠맛과 MSG)에 대한 책을 썼고, 다음으로 우리가 그 중요성을 잘 모르는 신맛(요리의 방점, 경이로운 신맛)에 대해 책을 썼는데, 이번에는 짠맛(소금) 이야기를 해보려 한다.

짠맛은 거의 소금 한 가지 물질로 작용한다고 말할 정도로 사용되는 원료도 단순하고, 바닷물을 건조하면 거의 무제한 얻을 수 있을 정도로 흔한 것이라 언뜻 오미 중에 짠맛이 가장 구하기 쉽고 이해하기 쉬운 맛인 것 같다.

그런데 인류는 문명 초기부터 소금을 아주 비싼 가격에 교역의 중요한 물품으로 거래하였다. 심지어 과거에는 소금에 붙인 세금(염세)이 한 국가 수입의 절반을 차지할 정도였다. 일부 국가가 소금을 독점하여 얻는 세금을 권력을 유지하는 핵심 수단으로 삼았고, 중국 진나라는 체계적인 소금관리로 통일국가의 기틀을 마련했다. 소금은 이런 경제적 가치 뿐 아니라 썩지 않고 영원히 유지되는 특성 때문에 고결한 약속을 상징할 정도로 정신적으로도 귀한 대접을 받았다. 그러다 현대에 들어와서 갑자기 건강을 망치는 위험물이라도 되는 양 취급받고 있다. 보건 당국이 나트륨 저감화(줄이기)를 국민건강을 위한 핵심 과제의 하나로 삼을 정도다. 과거에 소금은 왜 그리 귀한 대접을 받은 것이고, 지금은 어쩌다 천덕꾸러기 신세가 된 것일까? 과거에는 과학자도 의사도 없던 시절이라 소금의 가치를 오판한 것일까?

의사나 보건당국은 나트륨을 줄이라고 하는데, 이론적으로는 미네랄 중에 나트륨을 줄이기가 가장 쉽다. 칼륨이나 다른 미네랄은 우리가 먹는 식재료에 원래부터 다량 존재하는 것이라, 질환 등의 이유로 특정 미네랄을 줄이려고 하면 쉽지 않다. 하지만 나트륨은 예외적으로 쉽다. 요리를 하거나 가공식품을 만들 때 사용하는 소금만 없애면 된다. 우리가 섭취하는 나트륨의 대부분은 식재료에 원래부터 존재하는 것이 아니라 우리가 가공식품을 만들거나 요리를 할 때 인위적으로 첨가한 것이라, 첨가하는 소금양만 줄이면 나트륨 섭취량을 즉시

1/10이하로도 줄일 수 있다. 미네랄 중에 나트륨 줄이기가 가장 쉬운 것이다. 그런데 우리는 왜 그렇게 나트륨을 줄이기를 힘들어 할까?

나트륨을 줄이라고 말하는 사람들 중에 나트륨 줄이기가 어려운 진짜 이유를 말해주는 경우는 없다. 그러니 우리 몸은 설탕이나 소금처럼 몸에 나쁘다는 것만 좋아하는 바보처럼 느껴지기도 한다. 그래서 인간은 마치 성인이 되어도 영양학자나 의사의 도움이 없으면 제 먹을 것 하나 제대로 구분하지 못하는 어리석은 존재 같기도 하다. 하지만 우리 몸은 과거에 TV도, 영양학자나 의사도 없던 시절에 그렇게 거칠고 독이 많은 야생에서 살아남았을 정도로 똑똑한 몸이다. 우리는 우리 몸에 대해서 너무 모르고, 엉터리 주장에 마구 휘둘리는 경우가 많은 것이다.

소금이 무슨 맛이냐고 물으면 보통 '짠맛'이라고 한다. 그런데 음식에 소금을 넣으면 그만큼 맛이 짜진다면 누가 음식에 소금을 넣겠는가? 음식에서 짠맛이 난다는 것은 소금을 넣어도 너무 많이 넣었다는 증거일 뿐이고, 적당량의 소금은 음식의 모든 풍미를 끌어올리는 핵심적인 성분으로, 다른 어떤 식재료로는 도저히 대체 불가능한 미치도록 맛있는 맛이다. 만약에 세상에 소금보다 맛있는 성분이 있다면 우리는 그 즉시 소금 대신에 그것을 넣고 나트륨을 줄일 수 있을 것이다.

결국 핵심적인 질문은 우리 몸은 왜 음식에 적당량 소금을 첨가한 것을 그렇게 맛있어하느냐는 것이다. 사실 우리나라 사람들의 소금 섭취량이 많은 것은 음식을 짜게 먹어서가 아니다. 단지 혈액의 염도인 0.9% 정도의 국물을 유난히 좋아하기 때문이다.

우리 몸의 모든 감각은 생존을 위한 것이다. 그 중에 맛은 어떤 먹거리를 보았을 때 그것을 먹을지 말지, 계속 먹을지 말지를 결정하기 위한 것이고, 다음에 또 먹을지 말지를 기억하기 위한 것이다. 만약에 우리 몸의 감각이 생존에 불리한 것을 좋아할 정도로 엉터리였다면 인류는 이미 오래전에 멸종을 했을 것이다. 우리 몸의 감각이 틀린 것이 아니라 현대에 들어와서 음식이 우리의 세팅과 어울리지 않게 너무 풍성해진 것이다. 그래서 음식을 너무 많이 먹어서 문제가 발생한 것인데 특정 성분의 문제인양 호도하는 것이다.

세상에는 음식의 맛을 좋게 하는 목적으로 개발된 수천가지의 향신료와 조미료가 있지만, 그 중에서 유일하게 음식에 반드시 사용해야 하는 조미료는 소금 한 가지뿐이다. 단맛을 위한 설탕이나 감미료, 새콤한 맛을 위한 식초나 산미료, 감칠맛을 위한 글루탐산이나 조미료, 향을 위해 향신료 등은 전혀 사용하지 않아도 우리가 살아가는데 아무런 문제가 없다. 단지 맛이 조금 떨어질 뿐이다. 하지만 소금만큼은 반드시 음식에 추가해야 한다.

모든 미네랄은 우리 몸에서 합성이 불가능하고, 음식을 통해 섭취해야 하는데, 우리가 먹는 식재료 중에는 염화나트륨이 풍부한 것은 없다. 온갖 비타민이나 다른 미네랄이 풍부한 식재료는 있어도, 염화나트륨이 풍부한 식재료는 소금 말고는 없는 것이다. 소금이 생존을 위해 챙겨야할 가장 핵심적인 미네랄이자 별도로 챙겨 먹어야할 유일한 미네랄인 것이다. 그래서 우리 몸이 그렇게 많은 미네랄 중에 소금만을 5가지뿐인 미각 중에 하나로 감각하는 것이다. 인류는 먼 조상이 물고기로부터 진화하여 바다에서 육지로 올라온 이래 소금을 구하기 위해 끝없이 투쟁해야 했다. 그래서 소금이 그렇게 귀한 대접을 받았던 것이다.

우리는 이런 소금의 본질적인 가치를 생각하지 않고 소금의 유해론이나 천일염과 정제염 논쟁만 하였다. 만약에 염화나트륨을 제외한 칼륨이나 마그네슘이 많은 소금이 좋은 소금이라면 그보다 그런 미네랄이 수~수십배 많은 사해바닷물로 만든 소금은 어떠할까? 바닷물에 있는 성분 그대로 만든 소금이 이상적인 소금이라면 바닷물 그대로 동결 건조한 소금이 가장 좋은 소금일까? 이상적이기는커녕 식품에 소량도 사용하기도 힘든 소금인데, 왜 그런지 이유조차 잘 모른다. 소금에 대해 온갖 말은 많지만 누구나 수긍할 수 있는 좋은 소금의 기준 하나 없는 것이다.

그래서 이번에 소금의 기원과 생리적 기능을 통해 왜 그렇게 귀한 대접을 받았는지 알아보고, 미네랄은 우리 몸에 어떤 역할을 하고, 왜 소금을 대체할 만한 소재가 없는지, 어떤 소금이 좋은 소금인지 등을 다루어 보고자 한다. 그리고 결정화 기술과 제조 공정을 통해 왜 동일한 바닷물에서 기원한 소금이 종류에 따라 성분이 다른지와 가공식품에서 소금 줄이기 노력 등을 알아보고자 한다.

인류는 수렵시대에는 그나마 동물의 피와 고기에서 어느 정도 소금을 섭취할 수 있었지만 농경이 시작되면서 소금에 대한 갈증이 극심해졌다. 곡물에는 소금(NaCl)이 거의 존재하지 않아 곡물에 의존할수록 소금에 대한 갈증은 심해졌고, 소금을 찾기 위한 몸부림은 세계사를 뒤흔들었다.

2022. 9. 최낙언

차례

1장

소금은 인류 최초의 식품 첨가물이다

소금은 맛의 꽃이다.

세상에 소금보다 적은 양으로
음식 맛을 완전히 바꿀 수 있는 것은 없다.
소금은 아무리 음식을 골고루 먹어도
필요량을 감당할 수 없어서
반드시 따로 챙겨먹어야 했다.
소금이야말로 인류 최초의 식품첨가물이자
최고의 첨가물일 것이다.

과거에 소금은 금처럼 귀한 대접을 받았다

1) 소금을 중심으로 도시와 문명이 만들어지다

우리는 하루에 소금을 5g 이하를 먹도록 권장을 받지만 보통 2배인 10g 정도를 먹는다. 1년 이면 3.65kg을 먹는 셈이다. 지금은 소금의 생산 가격은 정말 저렴해져서 산지에서는 1kg에 고작 200원 정도다. 그러니 고작 700원이면 한 명이 일 년을 살아가는데 필요한 소금을 구할 수 있다. 시중에는 5만원이 넘는 소금도 있지만 그것은 마케팅 정책 때문이고, 일상의 소금은 과거와는 비교하기도 힘들 정도로 저렴해졌다. 어쩌면 그래서 소금(나트륨)에 관한 모든 논란이 시작되었다고 할 수 있다.

지금도 과거처럼 소금이 비쌌다면 소금은 아무나 쉽게 먹을 수 없는 선망의 대상이었을 텐데, 가격은 너무나 저렴해지고, 맛에 미치는 강력한 영향력은 그대로인 바람에 사람들은 소금을 필요량보다 훨씬 많이 먹게 되었고, 그래서 생긴 문제 때문에 소금 자체가 비난의 대상이 된 것이다. 사람들은 맛있지만 매우 비싸면 적게 먹으면서 찬양을 하고, 맛있는데 가격마저 저렴하면 많이 먹고, 많이 먹어서 생긴 부작용을 마치 그 자체의 문제인양 비난을 하는 경우가 많다. 소금이 그렇고 설탕도 그렇다.

하여간 과거에는 소금은 정말 비쌌다. 한 덩어리의 소금과 노예 1명과 바꾸기도 했고, 소금에 붙이는 염세가 한 국가의 조세수입의 절반을 차지하기도 했다. 그래서 옛날에 기방에서 기생들이 가장 반기는 손님이 소금자루를 메고 오는 염(鹽)서방이었다고 한다. 소금장수가 돈 잘 버는 선망 받는 직업이어서 '평양감사보다 소금장수'라는 속담이 있고, 괜히 히죽거리며 웃으면 '소금장수 사위 보았나?'라는 속담도 있었다.

과거에 소금이 비싼 이유는 구하기 힘들었기 때문이다. 요즘 우리는 소금하면 넓은 염전에서 햇빛으로 바닷물을 건조해서 만든 천일염을 떠올리고, 소금 만드는 것이 뭐가 그리 힘들다고 그렇게 비싼 대접을 받았을까 생각하겠지만 천일염은 우리나라에 도입 된지 100년 정도에 불과한 나름 현대식 방법이다. 우리나라에서 전통적으로 만들어온 소금은 불로 바닷물을 끓여서 만든 자염이었다. 솥에 바닷물을 퍼와서 넣고 땔감으로 끓여서 만드는 자염은 많은 연료와 고단한 작업을 필요로 했다.

사실 세상에서 가장 일반적으로 소비되는 소금은 암염(Rock salt)인데 우리나라에는 암염이 없어서 자염을 만들어 먹어야 했다. 암염은 원래 바다였던 지역이 융기되면서 천천히 마르면서 염화나트륨이 돌과 같이 단단하게 결정화되어 만들어진 소금이다. 이런 암염이 있는 지역은 나름 축복을 받은 지역이었다.

암염은 먼저 지표에 드러난 것부터 채굴해서 쓰기 시작하는데, 그것을 다 쓰고 나면 점점 깊이 파들어가야 했다. 그래서 철기 시대에 이미 유럽에서는 암염을 캐기 위해 수 킬로미터에 달하는 터널을 뚫기도 했다. 이런 소금 광산 주변에 사람들이 정착하기 시작하면서 마을과 도시가 형성되었다. 잘츠부르크, 할레, 할수타트, 할라인, 라살, 모젤 같은 유럽의 수많은 강 이름, 마을이름, 도시이름은 소금채취나 소금제조에 관련된 것들이다.(hals는 소금을 뜻하는 그리스어, sal은 소금을 뜻하는 라틴어).

켈트 족은 기원전부터 중앙 유럽의 광산에서 캐낸 소금을 거래하기 시작했고, 특히 소금에 절인 고기가 켈트족의 특산품이었다. 돼지 중에서도 다리 부위를 선호하여 최초의 햄을 만들기도 했다. 그러다 로마에 점령당하면서 켈트족 소금은 로마의 부의 일부가 되었고, 햄은 로마 요리의 일부가 되었다. 소금은 로마제국 건설에 필수적이었다. 도처에 제염소를 건설하고, 정복을 통해 켈트족과 카르타고인들의 제염소까지 넘겨받았다. 봉급(salary), 병사(soldier), 샐러드(salad) 등이 소금(sal)이라는 라틴어에서 나온 말이다. 로마인들은 소금을 내륙으로 나르기 위해 살라리아 가도(via Salaria) 즉 소금 가도를 건설했다.

과거에 소금은 주요 교역품이었다

소금은 인류문명 초기부터 국가 간의 교역의 중요한 물품이었고, 이런 교역은 문명을 전파하는 역할도 하였다. 고대 이집트인들은 소금을 얻고자 교역을 했고, 그리스 역사가 헤로도토스는 기원전 425년, 리비아의 사막에 있는 소금 광산을 방문했다는 기록을 남겼다. 에티오피아 다나킬 지역의 거대한 소금평원에서 채취된 소금은 로마와 아랍과 인도까지 수출되었다.

베네치아는 소금 무역으로 지중해 상권의 패자가 되었다. 처음에는 바다를 매립하면서 염전을 만들었다. 한 개의 염전에만 바닷물을 가두는 게 아니라, 여러 개의 염전이 연이어진 형태였다. 소금물은 다른 염전으로 이동하면서 염도가 점점 높아졌다. 베네치아는 처음에는 소금 생산에 주력했으나, 교역이 더 좋은 돈벌이가 된다는 것을 깨달았다. 1281년부터 베네치아 정부는 다른 지역에서 소금을 싣고 도착하는 상인들에게 장려금을 지급했다. 이렇게 구매한 소금을 다른 도시에 팔았다. 그러다 향신료 무역을 통해 더 많은 수익을 얻었다. 향신료를 지배하는 동안 소금 값이 오르는 건 개의치 않았다. 비싸게 구매하여도 무역을 통해 더 많은 수익을 올릴수 있었고, 부유해진 정부는 융자를 통해 다른 무역을 지원했다. 소금은 점점 더 많이 필요해지자 상선들은 이집트는 물론 크리미아(Crimea) 반도, 키프로스 혹은 더 먼 지중해로 나아가 소금을 샀다. 중국을 제외하면 베네치아처럼 소금을 국가 경제의 기반으로 삼거나 소금 정책을 그렇게 광범위하게 실시한 나라는 없었다.

소금 교역을 통해 이슬람 문명이 아프리카 서해안으로 전파되기도 했다. 사하라 사막에는 방대한 양의 소금이 묻혀 있었지만, 사하라 사막 남쪽에 있는 국가들은 소금이 매우 귀했다. 8세기 북아프리카 베르베르 상인들은 곡물, 말린 과일, 직물, 기구 등을 주고 사하라 사막의 거대한 소금 광산에서 캐낸 암염판을 받는 물물교역을 시작했다. 베르베르 상인들은 한 번에 수천 마리의 낙타에 암염판을 싣고 사하라 사막남쪽 끝에 위치한 팀북투(Timbuktu)에 도착했다. 니제르 강 지류에 접한 작은 야영지였던 팀북투는 14세기 교역의 중심지가 되어 사하라에서 나온 소금과 서아프리카에서 나온 황금이 그곳에서 교환되었다. 그리고 베르베르인 상인들이 소개한 이슬람 문명도 팀북투를 기점으로 퍼져 나갔다. 16세기에 전성기를 누렸고 베르베르인 대상들은 팀북투에서 황금, 노예, 상아 등을 싣고 지중해에 면한 모로코로 돌아오거나 유럽으로 진출했다. 수세기 동안 수많은 황금과 소금이 사하라 사막의 소금 교역로를 통해 유럽으로 건너갔다. 아랍인들의 관점에서는 금과 노예가 서아프리카 수단 지역과의 무역에서 가장 중요한 품목이었던 반면, 서아프리카인의 관점에서는 소금이 가장 중요한 품목이었다.

중국은 소금을 엄격하게 관리하였다

중국의 진시황(秦始皇 기원전 259~210년)은 소금교역으로 세수를 확보하여 군대를 양성하고 무기를 대량생산했다. 소금과 철의 전매수입으로 통일 자금을 비축해 마침내 통일에 성공한 것이다. 그는 통일 후에도 소금과 철을 독점해 막대한 이윤을 남겼고 그것을 바탕으로 통일 중국의 도로망 확대는 물론 만리장성과 아방궁 등 대대적인 건설사업을 추진할 수 있었다. 소금 염(鹽)이라는 한자는 세 부분으로 나뉘어 있는데, 왼쪽 윗부분은 신하, 오른쪽 윗부분은 소금물, 그리고 아래는 그릇이라는 의미를 담고 있다.

서기 208년 중국에서는 삼국시대가 시작된다. 유비의 촉나라는 대부분이 산간 지역이고 인구도 적어 다른 두 나라에 비해 불리했다. 더구나 바다에 접하지 않아 소금을 구할 수 없었다. 북으로는 조조의 위나라가, 동으로는 오나라의 손권이 막고 있었고 남쪽은 베트남 밀림이었다. 소금을 구하지 않으면 살 수 없기 때문에 대책을 마련해야 했는데 이때 촉나라 사람들이 찾아낸 지하 염수를 이용하는 것이었다. 땅속을 깊이 파면 지하수가 나오고 더 깊이 파면 염수층이 나온다는데 이 염수층까지 파려면 지하로 1Km이상을 파 내려가야 했다. 중국은 기원전 4세기경부터 이미 제철업이 발달하여 땅속 깊이 있는 염수를 끌어올려 큰 솥에 끓여 소금을 만드는 기술을 이용했다.

중국 윈난성과 티베트자치구의 경계선을 넘어 티베트를 향해 100여 km 달리면 '소금 우물'이란 뜻의 이름을 가진 마을 옌징(鹽井)이 있다. 나무틀로 만든 100개 남짓한 염전이 산비탈을 따라 빼곡하게 들어서 있고, 각각의 염전에는 소금물이 얇게 깔려 있는데 염전 밑으로 하얀 소금 기둥이 매달려 있다. 이 소금 기둥을 따다가 빻으면 소금이 완성된다. 이 소금을 만들기 위한 소금물은 란창강에 있는 우물(염천)에서 퍼온다고 하는데 언제부터, 어떻게 그 우물에서 소금물이 나오는지는 모른다고 한다. 산비탈이라 사람의 힘으로 염천에서 물을 길러 염전에 붓고 5일 정도를 기다려 소금을 수확하고 큰 소금포대에 등짐을 지

그림. 중국 윈난성 망강의 염전, 1300년 이상의 역사를 가지고 있다. 출처_shutterstock

고 가파른 협곡을 오르 내려야 한다. 그러면서 염전을 보수하고, 새로 만들고, 반복되는 노동을 해야 한다.

이 지역에 있는 '마방(馬幇)'은 '사람을 돕는 말의 무리'라는 뜻으로 지역의 운송조직이자 상업 집단이다. 이들은 고대부터 윈난성에서 생산된 소금과 차 등을 차마고도를 이용, 티베트, 미얀마, 인도 등지로 실어 날랐다. 고대에는 소금은 그 정도의 수고를 감수하기에 충분한 부를 가져다준 귀한 존재였다.

우리나라에도 소금길이 있었다

우리나라도 국가에서 징수하는 염세(鹽稅)는 국가 재정수입의 중요한 원천이었다. 그래서 역대 왕조는 제염업의 중요성을 인식하고 소금의 제조 및 관리를 국가가 통제하였다.

소금은 잠시도 없어서는 안 될 필수 물질이고 대체식품이 없다는 점에서는 도리어 곡물보다 더 중요한 의미를 가지기도 했다. 특히 내륙 산간 지역의 사람에게는 소금이 곡물보다 더 귀중했다. 그래서 강은 최고의 소금 교통로였다. 그래서 과거부터 한강은 소금과 식량의 주요 이동 통로였다. 한강을 통해 내륙의 잉여 농산물이 서울로 내려오고, 한강을 통해 소금이 올라가 보부상 등을 통해 내륙의 장터에서 판매되었다. 낙동강에도 1950년대까지는 소금배가 멈추지 않고 운행을 하였고, 올라갈 때는 소금 및 건어물 젓갈을 싣고 갔고, 내려 올 때는 쌀, 보리, 팥 같은 곡류를 싣고 내려왔다.

우리나라 식단은 밥을 주식으로 하고 국과 반찬(나물)이 부식으로 정착되었고, 소금은 빠질 수 없는 조미료가 되었다. 소금 덕분에 장류와 젓갈 등 발효음식을 담글 수 있었고, 장류 덕분에 채소를 온갖 다양한 형태로 요리해 먹을 수 있게 되었다. 이런 장류와 김치 덕분에 우리나라는 아직도 채소를 가장 많이 먹는 나라의 지위를 유지하고 있다. 소금이 없으면 미생물의 증식이 급격히 일어나면서 부패가 일어나고, 소금을 충분히 넣어주어야 잡균의 번식이 억제되고 우리가 원하는 균이 천천히 자라면서 된장과 간장 같은 발효식품이 만들 수 있다.

소금은 썩지 않은 신성함의 상징이었다

소금은 민간신앙 및 세시풍속, 의례 등에 사용되는 대표적 주물(呪物)이었다. 소금의 흰 색깔은 순백, 청정을 상징하여 부정과 액을 없애고 소금의 썩지 않고 부패와 변질을 막아주는 특성은 정화와 영원함의 상징이었다. 많은 나라에서 악령들은 소금을 싫어한다고 믿었다. 질병은 귀신의 소행으로 여겼으므로 소금을 뿌려 이를 물리치려했다.

최근까지도 집이나 가게에 재수 없는 사람이나 진상 부리는 사람 왔다 가면 "소금 뿌려!"라고 말하기도 한다. 제3차 포에니 전쟁 후에 카르타고에 진저리를 친 로마군이 다시는 일어나지 못하도록 터전을 완전히 파괴하고도 성에 차지 않아 소금을 뿌렸다는 이야기 또한 유명하다. 이집트 신관은 정화 의례에 소금을 사용했고, 우리나라에서도 무당은 본 굿에 앞서 소금을 뿌리며 신이 오는 길을 깨끗이 했다.

소금이 귀신이나 질병을 쫓는다고 믿었기에 아이가 태어나는 방에 소금을 뿌렸고, 잠결에 오줌을 싸면 키를 둘러씌우고 이웃에 소금 얻어오게 하였다. 장성하여 시집 장가 갈 때면 가마바닥에 소금을 뿌려 신부를 앉히고 말안장 아래 소금을 깔아 신랑을 앉혔다. 부정한 것을 보거나 들어도 '소금물에 씻으라.'고 하였다. 소금은 사람을 해치는 부정한 기운을 씻어내는 힘이 있다고 믿었다.

소금이 부를 만들고 역사도 바꾸었다

소금은 생선을 절여서 보관하는 수단으로도 그 가치가 높았다. 음식과 그 역사에 관해 많은 책을 쓴 마크 쿨란스키에 의하면 북미 대륙을 발견한 이들은 바이킹이라고 한다. 콜럼부스보다 훨씬 이전에 바이킹들은 북미 등을 누비면서 원할 때면 언제든 대구를 잡아서 북극 바람에 건조시켰다. 대구는 살에 지방질이 거의 없어서 저장하기가 쉬웠다. 소금을 뿌려두기만 하면 되었다. 대구의 시장 규모는 어마어마했는데 대구가 많이 잡히는 것에 비해 소금이 부족한 것이 문제였다. 노르망디에서 제염을 하던 바이킹들은 아래쪽으로 남하해서 게랑드 근처에 인공 염전을 건설했다.

영국이나 프랑스에서도 소금은 전략적으로 중요한 것이었다. 염장 대구나 쇠고기가 군대의 식량이었기 때문이다. 전쟁을 하려면 어마어마한 식량이 필요했고 그만큼 많은 소금이 필요했기 때문에 소금을 생산하는 기술의 발달은 곧 군사력의 강화로 이어질 수 있었다. 염전을 만드는 기술이 발달하면 소금 생산량이 증가했고, 그만큼 많은 생선을 절여서 식량을 확보할 수 있었다.

소금은 청어의 가치도 높였다. 큰 무리로 몰려다니는 청어는 한 번 위치만 파악하면 엄청나게 잡을 수 있었다. 청어는 한번 떼로 몰려오면 아무리 잡아도 끝이 없을 정도로 잡히는 어종이라, 근대 이전까지 동서양을 막론하고 바다를 끼고 있는 지역의 주된 식량원의 하나였다. 그래서 청어의 어획량이 그 지역의 경제를 좌지우지하곤 했다. 대항해시대 시절 네덜란드가 대표적인 경우다.

스칸디나비아 근처 발트 해에서 잡히던 청어가 14세기부터는 해류의 변화로 네덜란드 연안으로 몰려들자 네덜란드인들은 너도나도 청어 잡이에 나섰다. 이때는 전 인구의 1/3이 청어 잡이에 직접 또는 간접적으로 관련되어 살아갔다. 문제는 청어는 잡은 뒤 곧장 상해버렸기 때문에 멀리 바다에 나가 조업할 수 없었다는 것이다. 그러다 1358년 평범한 어민이었던 빌렘 벤켈소어(Willem Beukelszoon)가 갓 잡은 청어 내장을 단칼에 제거할 수 있는 작은 칼을 개발했고, 그것이 네덜란드의 운명을 바꾸었다. 이 작은 칼을 이용해 배 위에서 단번에 청어의 배를 갈라 부패하기 가장 쉬운 내장을 제거하고, 머리(아가미)를 없앨 수 있었다. 그렇게 바로 소금에 절이자 부패를 효과적으로 막을 수 있었고, 육지에 돌아와서 한 번 더 소금에 절여 1년 넘게 맛있는 생선을 보관할 수 있게 되었다. 그 칼 덕분에 어부들은 1시간에 청어 2천 마리를 손질할 수 있게 되었고, 생선을 훨씬 신선하게 보관할 수 있게 되었으니, 어선들은 훨씬 더 먼 바다까지 나가서 더 많은 청어를 잡을 수 있게 되었고, 네덜란드에 큰 부를 선사했다.

현대인의 소금 섭취가 많다고 하지만, 인류가 소금 섭취가 가장 많았던 시기는 먹을 것이 소금에 절인 생선밖에 없었던 시기다. 바닷가에 사는 유럽인(15세기 스웨덴)은 1인당 하루 소금 섭취량이 무려 100g이었을 것이라 추정하기도 한다.

우리가 나트륨 줄이기 운동을 본격적으로 펼치기 이전에 소금의 섭취를 줄여준 가장 핵심적인 요인으로 냉장고를 꼽기도 한다. 냉장고 덕분에 음식의 장기보관을 위해 소금을 사용할 필요가 적어졌기 때문이다.

2) 소금은 많은 국가의 주요 수입원이었다

소금은 생존에 가장 중요하고, 생산지가 한정되었고, 가격도 고가여서 과거의 정부에게 소금만큼 독점과 과세에 적합한 것이 없었다. 염세(鹽稅)가 가장 믿을만한 세원이었던 것이다. 모든 사람들이 소금을 원하는 반면 소금은 대체할 것이 없었기 때문에 누구라도 세금이 붙은 소금을 구입할 수밖에 없었다.

기원전 2000년, 중국 황제 하우(하나라의 시조인 우임금)가 황실에서 쓰는 소금은 산둥지방의 소금으로 하라는 명령을 내린 이래, 소금은 중국에서 세금, 통행세, 관세의 형태로 정부의 주요한 수입원이 되었다. 이런 염세의 도입은 세금을 징수하는 사람을 필요로 했고, 그들은 사욕을 채우려 세금을 올려서 갈등의 원인이 되기도 하였다.

로마도 예외는 아니었다. 처음에 로마 시민들은 저렴한 가격으로 소금을 공급받을 수 있었다. 하지만 이런 호사는 오래가지 못했다. 로마 제국의 팽창으로 소금 독점은 점점 심해졌고 덩달아 염세도 올라갔다. 제염소와 멀리 떨어진 곳에 사는 사람들은 매우 비싼 가격을 주고 소금을 구입했는데 이는 운송비 때문이기도 했지만 각 운송 단계마다 부과된 세금 때문이기도 했다.

가벨(gabelle)로 불린 프랑스의 염세는 악랄하기로 유명했고, 국민들의 거센 조세 저항을 불러 일으켰다. 염세는 15세기 프랑스의 주요 국세였고, 소금을 밀수하다 적발되면 심한 형벌에 처해졌음에도 불구하고 소금 밀수가 성행했다. 가혹하고 불공평한 가벨로 인해 가장 피해를 많이 본 사람은 농부들과 도시의 가난한 소시민들이었다. 그래서 역사가들은 가벨을 프랑스혁명의 주요 원인 가운데 하나로 보고 있다. 1790년, 혁명이 최고조에 달하자 가벨은 폐지되었고 30명이 넘는 가벨 징수관들은 처형되었다. 하지만 가벨 폐지는 오래가지 못했다. 1805년, 나폴레옹은 이탈리아와 전쟁을 치르기 위해 어쩔 수 없는 조치였다고 강변하면서 다시 가벨을 도입했고, 가벨은 제2차 세계대전 종식 후에야 폐지되었다.

인도의 소금 행진(Salt March)은 영국 식민지 시절 인도에서 소금세 폐지를 주장하며 일어난 비폭력적 시민 불복종 행진이다. 1930년 3월 12일 간디는 70여 명의 동지와 함께 역사적인 소금행진의 첫발을 내딛는다. 아메다바드를 떠나 장장 360km를 맨발로 걷는 동안 영국 경찰의 곤봉세례를 무수히 받고 기마대의 말발굽에 짓밟혔지만, 수천 명으로 불어난 행렬은 피를 흘리고 쓰러지면서도 멈출 줄 몰랐다. 행진 24일째인 4월 6일 새벽, 단디 해변에 도착한 간디가 염전 바닥에서 한 움큼의 소금을 건져 올리자 그 뒤를 이어 수천의 손길들이 다투듯 소금을 집어 들었다.

영국에서는 1825년 염세가 폐지되었는데 인도인들은 소금을 먹으면서 세금을 꼬박꼬박 내야 했다. 소금은 단순한 조미료가 아니라 제국주의의 불의를 자각하고 독립을 꿈꾸는 각성제로 작용했다. 소금행진 이후 인도 전역에서는 소금세에 항의하는 움직임이 거세졌고, 지속적인 저항 운동 끝에 1931년 결국 소금세는 폐지됐다.

산업의 발전으로 대량 생산이 이루어지자 소금세도 없어졌다

1825년 영국은 최초로 염세를 폐지했다. 오래전부터 소금세에 대해 사람들의 불만이 많았지만, 실제 세금을 폐지한 이유는 일반 국민을 위한 것이 아니라 산업계의 요구 때문이었다. 보통 산업 혁명하면 기계혁명을 생각하지만 또한 화학 혁명이기도 했다. 산업혁명으로 섬유, 염색, 비누, 유리, 가죽, 제지, 양조 산업 등 화학 산업도 비약적으로 발전하기 시작했고, 그만큼 많은 원료를 필요로 했다. 그 중에 소금은 화학 산업에서도 대량으로 필요한 원료라 그들은 염세를 철회하라는 압력을 정부에 가했다. 그리고 정부가 소금이 영국 산업 발전에 핵심 원료 물질이라고 인식을 하자 비로소 가난한 사람들이 수세기 동안 그토록 원했던 염세 폐지가 현실화되었다. 과거에는 소금 대부분이 식품에 쓰였지만, 지금은 고작 6% 정도만 식품에 쓰일 정도로 산업용으로 쓰이는 양이 훨씬 더 많다.

우리나라에서도 소금은 중요한 국가수입원이었다

고려는 14세기 들어 소금의 생산과 교역을 국가에서 장악하여 이를 국가재정의 기반으로 삼았다. 충선왕은 소금을 생산하는 사람에게 일정액의 염세만을 징수하던 징세제 대신 전국의 모든 염전을 국가에 소속시켜 관리하는 소금의 전매제를 실시하였다. 조선의 초기에는 고려의 정책을 이어가려 했지만, 성리학의 이념이 강화되면서 소금을 통한 이익을 두고 백성과 국가가 싸우는 행태에 대한 비판적인 시각이 주류를 이루며 소금 전매는 사라졌다. 하지만 임진왜란이 발발하자 염민들이 생산한 소금으로 군량과 군비를 확보하려는 염철사 제도가 유성룡에 의하여 건의되었다.

우리나라의 경우에는 전매사업의 대표적인 품목으로 담배, 홍삼, 소금이 있었다. 그러다 소금은 1962년부터 전매사업 품목에서 제외되었고, 홍삼은 1986년, 담배는 2001년에 사실상 전매권이 해제되어 현재 한국에서는 전매사업이 존재하지 않는다.

중국의 경우에는 2014년 11월에야 소금 전매제도를 완전히 중단했다. 기원전 7세기부터 존속되어 전매제도가 폐지된 것이다. 한때 중국은 3~5세기에 이르기까지 일부 왕조에서는 국가 재정수입 중 80~90%를 소금 전매에서 얻었을 정도로 소금 독점사업의 규모 및 수익이 컸고, 중국역사상 최대의 암시장조직인 염상이란 세력을 낳는 결과를 만들기도 했다. 그러나 1980년대 중국경제의 발전에 따라 소금 전매로 얻는 세수의 비중이 줄기 시작했고, 2000년대 이후로는 미미한 수준으로 떨어지고 오히려 제도를 유지하기 위한 비용이 더 커졌기 때문에 소금 전매제도를 폐지했다. 일본에서도 1997년까지 소금을 전매품으로 취급했다. 이런 점에서 1962년에 전매제도를 폐지한 우리나라는 오히려 빠른 편이라고 볼 수도 있다.

기술의 발전으로 소금의 대량 생산이 가능해지자 국가 경제에서 소금이 차지하는 비중은 과거에 비해 비교할 수 없이 줄었지만 음식의 맛과 우리의 건강에서 소금의 비중은 조금도 줄지 않았다.

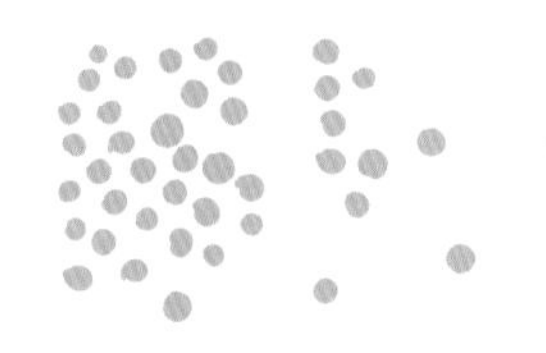

소금과 생명은 바다에서 시작되었다

1) 왜 하필 소금일까

지나친 나트륨의 섭취가 건강에 해롭다고 세계 여러 보건기구가 여러 차례 경고하였고, 우리나라 보건당국도 나트륨 줄이기를 위해 꾸준히 노력하고 있다. 그래서 나름 성과도 거두었지만 여전히 권장량을 초과하여 먹고 있다. 우리는 항상 '나트륨을 적게 먹어라', '싱겁게 먹어라'는 충고를 받는다. 그런데 이론적으로는 모든 미네랄 중에 나트륨이 줄이기가 가장 쉽다.

만약 다른 미네랄 중에 과도하게 섭취하는 것이 있어서 그것을 줄어야 한다면 천연 식재료 각각에 함유된 미네랄 함량을 파악해서 많이 들어간 것을 피하는 노력 같은 것을 해야겠지만 소금은 그럴 필요가 전혀 없다. 식재료에 원래부터 존재하는 양은 워낙 작고, 나트륨 섭취량의 대부분은 우리가 직접 첨가한 양이라, 식재료에 원래 존재하는 함량은 전혀 고민할 필요 없이 그냥 우리가 소금을 첨가하는 것만 줄이면 된다. 그러니 이론적으로는 미네랄 중에 나트륨 줄이기가 가장 쉬운 것이다.

그런데 우리는 왜 이 간단한 문제를 해결하지 못하는 것일까? 미네랄 중에 유일하게 문제가 될 정도로 과도하게 먹는 것이 나트륨이고, 나트륨은 음식에 첨가하는 양만 줄이면 되는 것이라 가장 쉬운 것인데 말이다.

하지만 실제로 소금(나트륨)을 줄이는 것은 다이어트로 살을 줄이는 것만큼 어렵다. 비만은 과식의 결과이니, 다이어트는 이론적으로는 먹는 것만 줄이면 되는 참 쉽고 간단한 일이다. 그러나 실제로는 다이어트가 힘든 것만큼이나 나트륨 줄이기도 힘들다.

왜 나트륨 줄이기가 그렇게 힘든 것인지 알려면 우리 몸은 왜 하필이면 그 많은 물질 중에 나트륨을 오미 중에 하나로 느끼는지부터 알아야 한다. 혀로 느끼는 맛은 5가지뿐이고, 오미는 하나하나가 생존에 결정적인 영양성분을 판단하는 역할을 한다. 그래서 내가 오미에 대한 책을 하나하나 쓰고 있기도 한다. 오미는 하나하나의 의미를 알다보면 생존에 직결된 운명적 문제라는 것을 알 수 있다

단맛은 음식의 칼로리(탄수화물, 열량소)를 판단하는 역할을 한다. 그

래서 '달면 삼키고 쓰면 뱉어라'고 하는데, 호랑이과 동물은 단맛 수용체가 고장이 나서, 고기 맛만 느끼고도 살아간다. 반대로 판다(panda)는 감칠맛 수용체가 고장이 나서 고기 맛을 모르고도 탄수화물만 먹고 살아간다. 그런데 소금 맛을 모르고도 살아가는 동물은 없다. 먹을 것을 그대로 삼켜서 단맛과 감칠맛도 모르는 고래도 혀에 짠맛 수용체는 있다. 특히 초식동물의 경우 가장 갈망하는 맛이 소금의 짠맛이다. 동물들이 왜 짠맛을 그렇게 중요하게 여기는지, 그것에 대한 답을 찾으려 하면 먼저 소금의 기원부터 알아볼 필요가 있다

2) 바다가 생기고 생명체가 생겼다

우주는 138억 년 전 빅뱅을 통해 시작되었고, 지구를 포함한 태양계가 만들어진 것은 빅뱅으로부터 92억년이 지난 46억 년 전쯤이다. 지구는 만들어진 직후에는 운석이 끝없이 지표에 떨어져 지옥과 같이 뜨거웠다. 주변의 운석을 대부분 빨아들이고 나서야 서서히 운석의 충돌도 적어지고 온도도 내려갔다. 지표의 온도가 380℃로 내려갔을 때 대기의 구름이 한꺼번에 지표로 억수같이 쏟아져 내려 온도는 더욱 내려갔고, 그러다 마침내 바다가 탄생하였다.

38억 년 전에 원시 바다가 생겼고, 35억 년 전 바다에서 원시 생명이 탄생했다. 생명체들은 불과 5억 년 전까지는 바다에만 살 수 있었

다. 땅에 살기에는 태양으로부터 쏟아지는 자외선이 너무나 강력했기 때문이다. 바다에 광합성 세균이 등장하여 산소가 만들어지고, 산소로부터 오존층도 만들어지면서 점점 자외선을 차단 되었고, 식물의 육상 진출이 시작되었다. 바다의 조류 중에는 갈조식물(미역·감태·모자반류)이 녹조식물보다 훨씬 고도로 진화된 형태였으나 육지로 상륙한 것은 체표에 큐티클층이 발달하여 수분 증발을 막고 건조에 견딜 수 있었던 녹조류였다. 그리고 물고기의 일부가 육상 진출을 시도하게 되었다. 인간을 포함한 모든 육상동물은 물고기에서 진화한 것이라 우리 몸에는 많은 물고기의 흔적이 있다. 물고기 시절에 소금은 바다에서 가장 구하기 쉬운 자원이었는데, 육지로 진출한 이후에는 소금 때문에 큰 곤란을 겪은 것이다.

생명은 물이 지배하고 물은 소금이 지배한다

많은 사람들이 물의 중요성은 알아도 소금의 중요성은 모르는 경우가 많다. 물론 생명에서 가장 기본이 되는 분자는 물이다. 우리는 음식이 없이는 3주를 버텨도 물이 없으면 3일을 넘기기 힘들다. 내 몸에 물이 부족하면 바로 갈증을 느끼게 된다. 갈증은 물을 마셔야만 해결할 수 있고, 타는 갈증을 물로 해소할 때만큼 강력한 쾌감도 드물다. 그래서 '생명은 움직이는 물주머니다'라고 할 수도 있다. 세상에는 정말 다양한 생물이 살지만 물이 없이 사는 것은 없고 그 물을 조절하는 강력한 수단이 소금(삼투압)이다.

우리 몸의 60% 이상이 물이다. 체중이 70kg이면 항상 42kg 이상의 물을 짊어지고 다니는 셈이다. 혈액은 83%가 물이고, 단단해 보이는 근육도 75%가 물이다. 림프의 94%, 눈의 95%, 신장의 83%, 간의 85%, 폐의 80%, 심장의 79%, 뇌의 75%도 물이다. 심지어 뼈의 22%도 물이다.

그리고 42kg의 2% 정도인 1리터만 물이 부족해도 심한 갈증을 느낀다. 불과 1kg으로 심한 갈증을 느낀다는 것은 아무리 심한 갈증도 1리터 정도의 물을 마시면 해소가 되는 것에서 알 수 있다. 물이 5%가 부족하면 혼수상태가 되기 쉽고, 10% 이상 부족하면 사망하기 쉽다.

이런 물은 결코 스스로 몸 안에 들어오지 않는다. 우리 몸에 물을 강제로 끌어 들이는 펌프나 배출하는 펌프가 있으면 좋을 텐데, 세포에는 아쿠아포린(aquaporin)이라는 물 전용통로만 있지 강제로 물을 들어오거나 나가게 하는 펌프 같은 장치는 없다. 삼투압의 차이로 물은 들어오거나 나간다. 그런 삼투압의 조절에 소금이 핵심적인 역할을 하는 것이다. 이런 물과 소금이 가장 많이 존재하는 바닷물을 먼저 알아보고자 한다.

바다에서 많은 것이 물과 염화나트륨이다

물의 대부분은 바다에 있다. 지구 표면의 70% 이상이 물로 덮여 있고, 그 양은 무려 13억km^3으로 바다의 평균 깊이가 4,117m이다. 지구 전체를 2700m 높이로 덮을 수 있는 엄청난 양이다. 그 바다에 가장 많은 고형분이 소금이다.

더구나 바닷물은 끊임없이 대류하기 때문에 대부분 지역에서 염도는 비슷하다. 더운 지역은 35‰(퍼밀, 해수 1kg 안에 용해되어 있는 염류의 총량을 천분율로 나타낸 것)를 넘기기도 하고, 추운 지역이 34‰ 이하인 경우도 있지만, 바닷물의 75%는 34~35‰에 해당되고 99%가 33~37‰에 해당된다. 바다는 꾸준히 대류를 하고 있어서 소금 농도가 비슷한 것이다.

[표] 다양한 물의 염도(%)

장소	염도(%)
수돗물	0.08 이하
발틱해	1.0
바다	3.4~3.5
홍해	4.2
Great Salt lake	28.0
사해	33.0

소금은 나트륨+염소가 핵심이다

소금의 핵심 성분인 염화나트륨(NaCl)은 분자량이 58.45g/mol 인데, 나트륨(22.99g/mol)과 염소(35.45g/mol)가 1:1 결합을 한 것이다. 무게는 염소가 무거워 나트륨과 염소의 중량비율이 4:6 이라, 소금 5g은 나트륨 2g과 염소 3g이 결합한 셈이다. 이런 소금의 녹는점은 800.6℃, 끓는점은 1,413℃다. 그러니 구은 소금을 제조할 때 1700℃로 가열했다고 말하는 것은 소금이 기화하는 온도이므로 이치에 맞지 않다. 소금의 가열 온도가 300℃를 넘기면 다이옥신이 발생하기 시작하고 다시 800℃ 이상 가열하면 다이옥신이 파괴되어 발생량이 크게 줄어든다. 800℃ 이상 가열한 소금은 액체로 녹은 상태가 된 후 식은

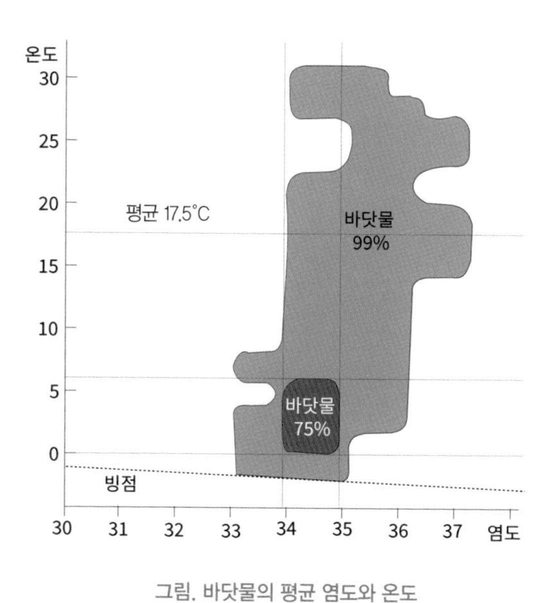

그림. 바닷물의 평균 염도와 온도

것이라 형태가 달라진다.

소금은 물에 상당히 잘 녹아 25℃에서 35% 정도가 녹는다. 프로필렌글리콜에는 7%정도가 녹고, 에탄올에는 0.64% 정도만 녹는다. 소금의 포화용액은 밀도가 1.202이고, 이때 끓는점은 108.7℃까지 올라가고, 어는 온도도 크게 낮아져 -21.1℃까지(이때 소금 농도는 23.31%) 내려간다.

소금을 구성하는 나트륨(Na)은 반응성이 매우 강하여 만약에 나트륨만 분리한 덩어리를 물에 넣으면 순식간에 폭발을 한다. 그러나 자연에서 나트륨은 금, 은, 동, 철과 같이 고순도의 순수한 금속으로 존재하지 않고, 다른 물질과 결합한 화합물로 존재하거나 단독으로는 물에 녹은 이온의 상태로 존재하기 때문에 순수한 나트륨덩어리 상태로 있을 때처럼 폭발하지 않는다. 나트륨은 지구표층 전체 물질 중량의 2.83%를 차지하는 지구의 주요 구성 성분이다. 그러니 식물이 이 나트륨을 흡수하기만 하면 우리는 나트륨을 쉽게 섭취할 것인데 식물

[표] 소금을 구성하는 원자의 물리적 속성

구분	Na	Cl	NaCl
녹는점 ℃	97.8	-101	801
끓는점 ℃	887.4	-34	1413
비중	0.97	0.0032(기체)	2.16
색	은색	노랑~녹색	무색, 흰색

은 나트륨을 흡수하지 않는다. 그래서우리가 곤란을 겪은 것이다. 나트륨은 수산화나트륨(NaOH, 가성소다)의 핵심성분인데 수산화나트륨은 산업계에서 가장 많이 사용되는 알칼리물질이기도 하다.

염소는 실온에서 황록색 기체다. 색 때문에 chloros(고대 그리스로 녹색~노란색)란 이름을 가졌다. 소금 생산자를 의미하는 'halogen' 이란 단어가 1811년 염소에 붙여졌는데 나중에 염소 계열의 모든 원소(불소, 브롬, 아이오딘)를 설명하는 일반 용어로 사용되었다.

염소 자체는 반응성이 매우 높은 원소로 강력한 산화제다. 전자 친화도가 가장 높고 전기 음성도도 아주 높다. 염소의 높은 산화력을 이용해 표백제 및 소독제, 화학 산업의 원료로 많이 사용된다. 염소 가스는 1785년 직물을 표백하기 위해 처음 사용되었고, 차아염소산나트륨이 만들어졌고 이것은 질병의 세균 이론이 확립되기 훨씬 이전인 1820년대 프랑스에서 부패 방지제 및 소독제로 처음 사용되었다. 염소를 사용한 소독수의 발명으로 의사의 손을 씻게 되고, 수돗물을 살균하고 풀장을 살균하는 것을 통해 많은 생명을 구하게 되었다. 수영장에서 나는 냄새는 염소 자체의 냄새가 아니고 아민과 결합한 클로라민(chloramine)의 냄새다. 소독력이 있어서 고농도의 원소 염소는 대부분의 생물체에 유독하다. 심지어 제1차 세계대전에서 독가스로 사용되기도 했다. 염소 가스는 1915년 제1차 세계대전 때 독일이 처음 화학무기로 사용 했다. 당시 병사들에 따르면, 후추와 파인애플이 섞인 특유의 냄새가 났다고 한다. 금속 맛이 나고, 목구멍과 가슴 뒤

쪽을 찌르는 듯 했고, 폐 점막의 물과 반응하여 염산을 형성하여 살아 있는 조직을 파괴했다. 이런 반응성 때문에 대부분의 염소는 염화나트륨과 같은 염화화합물의 형태로 존재하거나 염소(염화)이온(Cl^-) 상태로 존재한다. 염화이온은 염소기체(Cl_2)와 그 성질이 완전히 다르다. 만약에 소금(염화나트륨)이 과거부터 사용된 것이 아니라 MSG처럼 현대에 개발된 것이라면 이런 성질을 악의적으로 왜곡해 얼마나 많은 괴담이 만들어졌을지 상상하기도 힘들다. 식품에서 등장하는 염소는 전부 염소기체(Cl_2)가 아니라 염화이온(Cl^-) 상태로 생존에 필수적인 영양소(미네랄)이다.

염소는 위에서 염산 생산과 세포 펌프 기능에 필수적이다. 혈액 내 염소 농도가 지나치게 낮거나 높으면 전해질 장애가 생긴다. 단지 저염소 혈증이 거의 발생하지 않고, 고 염소혈증도 큰 문제가 없기 때문에 별로 다루어지지 않는 것이다.

소금은 바닷물로 만들어진다

세상에는 다양한 소금이 있지만 그 기원을 추적하면 결국 바닷물과 만나게 된다. 암염은 우리에게는 다소 생소하지만 현재 세계적으로 소비되는 소금의 61%가 암염이다. 천일염이 37%, 정제염 등 나머지가 2%다. 암염은 히말라야 같은 고지대에서 캐는 것도 있어서 바닷물과 관련이 없어 보이지만 바다였던 부분이 대륙의 지각 변동으로 막혀서 호수가 되고, 바닷물이 증발되어 돌처럼 결정화된 것이다. 히말라야 암염은 거대한 섬이었던 인도 판이 아시아 판으로 밀려 올라와 형성된 것이다. 그래서 히말라야 산맥에서 암염과 조개, 산호 등 바다에서 살던 생물들의 화석이 발견되곤 한다.

그러니 소금을 공부하기 위해서는 가장 먼저 바닷물의 조성부터 공부할 필요가 있다.

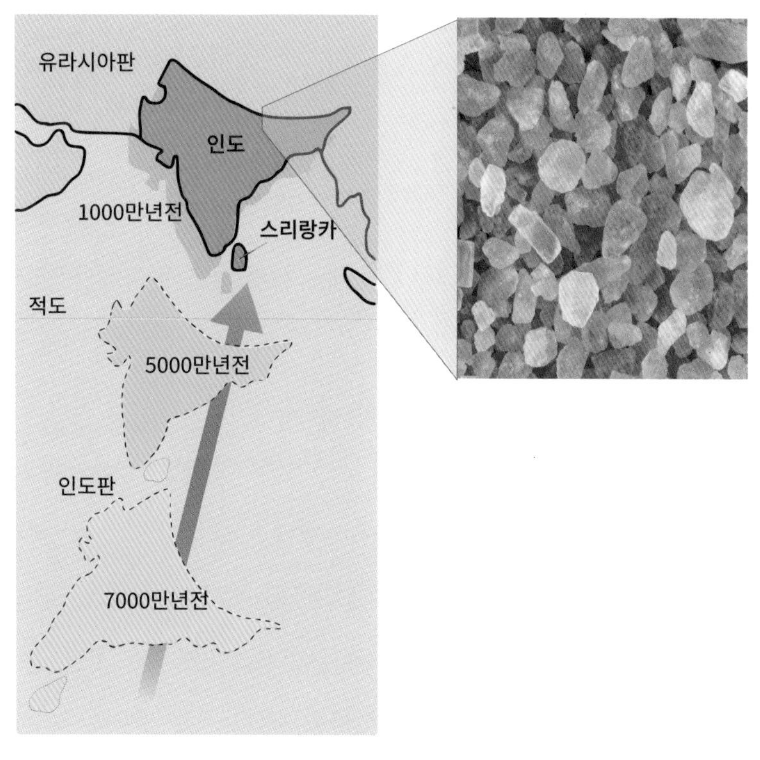

그림. 히말라야 암염을 만든 인도판의 이동

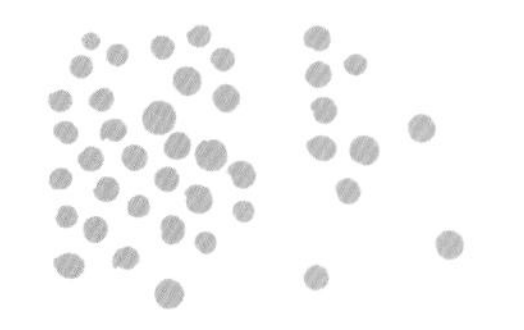

바닷물에 소금이 많은 이유

1) 소금은 민물에는 별로 없고, 바다에만 많다

바닷물에는 왜 소금 성분이 많을까? 현재의 바닷물에는 위치와 수심에 따라 그 성분이 약간 다르지만 물이 96.5%에 염분이 3.5% 정도이며, 염분의 85.6%가 염화나트륨(NaCl)이다. 바닷물에 녹아 있는 나머지 황산염, 마그네슘, 칼슘, 칼륨 등을 모두 합해도 염화나트륨의 1/6에 불과하다. 바닷물에는 왜 염화나트륨만 그렇게 많은 것인지를 알아보는 것도 의미 있는 질문일 것이다.

[표] 바닷물의 이온농도 변화(단위 mmol/L, %)

이온	선캄브리아	오르도비스	현재 바다
Cl	298 (38.9)	441 (46.2)	559 (48.9)
Na	298 (38.9)	378 (39.6)	478 (41.9)
Mg	11 (1.4)	38 (4.0)	55 (4.8)
SO_4	54 (7.0)	40 (4.2)	29 (2.5)
K	104 (13.6)	51 (5.3)	10 (0.9)
Ca	2 (0.3)	7 (0.7)	11 (1.0)

빗물(담수)과 바닷물의 차이

비는 육지의 미네랄을 녹여 빗물과 함께 바다로 흘러간다. 그런데 바다에서는 거의 순수한 수분만 증발하여 비가 되어 육지에 내리기 때문에, 빗물을 통해 공급되는 바다의 미네랄은 거의 없고, 육지의 미네랄이 빗물에 녹아 꾸준히 바다로 가는 셈이다. 육지에서 바다로 공급되는 미네랄만 있으니 바닷물의 미네랄 농도는 꾸준히 증가할 수밖에 없는 구조이다.

매년 육지에서 바다로 흘러들어가는 미네랄의 양은 약 540Mt이다. 바다의 체적은 약 13억km^3이므로 8,000만 년 정도면 3.4%의 염분 농도에 도달할 양이다. 만약 8억년 동안 그 속도로 매년 육지의 미네랄이 바다에 공급되었다면 바닷물의 농도는 소금의 포화농도인 34%에 도달하고, 그렇게 되었다면 바다에는 아무 것도 살 수 없게 된다. 다

행이 바닷물에 미네랄은 그보다 훨씬 적은 양만 있다. 육지에서 공급된 그 많은 미네랄은 다 어디로 간 것일까?

원자(미네랄)는 생성되지도 소멸되지도 않는다. 그러므로 다른 형태로 바뀐 것인데 미네랄의 일부는 바다의 생명체가 사용했겠지만 그 양은 작다. 육지에서 공급된 많은 양의 미네랄은 결정화되어 바다의 바닥에 가라앉았다. 그러니 바닷물에 녹은 상태로 남아 있는 미네랄 양은 지금 정도의 수준으로 적은 것이다. 결정화 되어 바닥에 퇴적한 침전물은 더 깊은 지구 내부로 스며들었다가 화산의 마그마에 녹아 분출되어 다시 땅으로 돌아오기도 한다. 하여간 비록 바닷물의 농도가 육지에서 공급된 미네랄의 양만큼 증가하지는 않았지만 과거보다 훨씬 많아져, 염도가 높아 생명이 살기에 불리해진 것은 사실이다.

[표] 민물(강물)과 바닷물의 이온조성

	지표성분(%)	강물(ppm)	바다(ppm)	농축비
Ca	3.5	15.0	400	27
SiO_2	70	13.1	4	0.3
SO_4	0.1	11.2	2,700	241
Cl	0.01	7.8	19,200	2,462
Na	2.8	6.3	10,600	1,683
Mg	2.1	4.1	1,300	317
K	2.6	2.3	380	165
합계		119.2	34,793	292

2) 바닷물에 가장 오래 체류하는 미네랄은 염소와 나트륨

바닷물에 어떤 이온이 많이 존재한다는 것은 그만큼 공급이 많거나 바닷물에 녹아서 존재하는 시간이 길다는 뜻이다. 바닷물에 존재하는 미네랄 중에 염소가 체류시간이 가장 길다. 한번 공급된 염소이온은 무려 1억년이나 머물게 된다. 이것이 바닷물에 염소가 가장 많은 비밀이다. 선캄브리아기 때만 해도 염소는 나트륨과 같은 양이었는데, 지금은 역전이 되어서 나트륨보다 무게로는 거의 2배나 많다. 바다로 공급되는 강물에는 염소보다 칼슘, 이산화규소, 황산염이 많은데, 바닷물에 이들의 농도가 높지 않은 것은 용해도가 낮고, 다른 미네랄과 결합하여 침전하는 성질이 강해서 바닷물에 녹아 있지 않고 바닥에 침전물로 가라앉기 때문이다. 염소는 바닷물에서 체류기간이 1억년으로, 칼슘의 백 만년에 비해 100배나 길다. 그러니 바다에 같은 양이 공급되면 100배나 많을 수 있는 것이다.

물은 체류시간이 4,100년 정도다. 4100년 정도면 바닷물 전체가 한 번 비가 되어 증발했다가 다시 바다로 돌아올 수 있는 시간이란 의미이고, 만약에 비가 되어 다시 돌아오지 않고 계속 증발만 일어나면 세상의 모든 바닷물은 4,100년이면 완전히 말라버릴 수 있는 것이다. 지중해 정도의 바다는 입구가 막힌다면 1,000년도 안 되서 완전히 마를 수 있다고 한다.

바다에서 살아남으려면 바닷물에 존재하는 이런 미네랄을 잘 활용하거나 극복해야 한다. 바다에는 염화나트륨이 많았고, 이것을 잘 활용하고 대응하는 능력을 갖추는 것이 생존의 필수요소다.

[표] 이온의 바다에 체류시간 (Broecker & Peng 1982, Bruland 1983)

성분	체류시간(년)
염소(Cl)	100,000,000
나트륨(Na)	68,000,000
마그네슘(Mg)	13,000,000
칼륨(K)	12,000,000
황산염(SO_4)	11,000,000
칼슘(Ca)	1,000,000
탄산염(CO_3)	110,000
규소(Si)	20,000
물(H_2O)	4,100
망간(Mn)	1,300
알루미늄(Al)	600
철(Fe)	200

4

소금의 대량생산은 최근의 일이다

1) 과거에 소금을 구하기는 정말 어려웠다

암염은 세계적으로 가장 많이 생산되고 소비되는 소금이다. 하지만 우리나라에는 찾을 수 없었고, 우리나라에서 소비되는 전통소금은 암염도 천일염이 아닌 자염이었다. 자염은 바닷물을 가마솥에 담아 끓여서 만든 소금이다. 바닷물을 적당히 농축하는 작업이나 퍼오는 작업은 고단했고, 솥에 넣고 가열하여 농축하는데 필요한 많은 땔감을 구하는 것도 무척 고단한 작업이었다.

바닷물에는 3.5% 정도의 염분이 들어있는데 10배로 농축해야 소금이 결정화된다. 어떻게 염도가 높도록 농축할 것인지가 자염을 만드는 시작이다. 바닷물을 계속 가열하여 수분을 완전히 증발시키면 소금이 되는데 언뜻 바닷물을 그대로 건조시키면 바다의 모든 미네랄이 그대로 남아 있는 좋은 소금이 될 것이다. 하지만 아무도 바닷물을 통째로 말린 소금을 좋아하지 않는다. 그렇게 만들어진 소금은 색은 검고, 맛은 쓴 상품성은 없는 소금이기 때문이다. 그래서 자염을 만들 때는 숙련된 기술자가 필요하다. 얼마만큼 가열 농축한 상태에서, 소금의 결정핵은 어떻게 만들 것인지에 따라 전혀 다른 품질의 소금이 만들어진다. 이렇듯 자염 생산에는 힘든 노동과 많은 연료 그리고 기술이 필요했다. 쌀농사에 많은 정성과 노력이 든다고 하지만 소금농사보다는 한결 쉬웠다.

이렇게 어렵고 힘들게 만들던 자염은 일제강점기 이후 천일염이 들어온 뒤에 급격히 몰락했다. 연료를 구해 불을 때는 대신 넓은 염전에 햇빛을 이용해 대량으로 말리는 방식의 천일염에 생산량과 가격의 격차를 감당하지 못한 것이다. 천일염은 우리나라에 들어온 지 불과 60년 만에 높은 생산성으로 자염이 완전히 사라지게 했다.

천일염, 햇빛을 이용한 대량생산으로 가격의 혁신이 시작되었다

천일염은 바닷가에 넓은 염전을 만들고, 거기에서 바닷물을 끌어와 증발시켜 만든 것이다. 이런 천일염이 최초로 도입된 곳이 인천 동부 주안 개펄이다. 1907년 주안에 만들어진 염전이 우리나라 최초의 천일염 염전이었다. 일본에는 천일염을 생산하기 마땅한 지형이 없어 일제강점기에 총독부는 계획적으로 우리나라 서해안에 염전을 확대하여 설치하였다. 인천 주안을 시작으로 시흥과 평안도, 경기도 등 서해안으로 확대되어 천일염이 대량으로 만들어졌고, 일본 정부가 그 소유권을 장악했다.

충청도 및 전라도는 우리나라 전통 소금 생산 방식인 자염 방식이 강해서 천일염은 주로 인천의 북쪽 지역에서 이루어졌고, 이는 한국전쟁 이후 남한에 소금 기근 현상을 초래하는 원인이 되었다. 그래서 1950년대 우리 정부는 서해안 일대에 집중적으로 천일염전 사업을 벌여 1955년에야 남한 내 소금의 자급 기반이 조성되었다. 이후 소금이 과잉공급 되자 1961년에 전매제가 폐지되면서 1962년 국유 염전을 모두 민영화했다. 누구나 자유롭게 소금을 제조, 판매할 수 있게 되면서 과잉공급으로 이어져 소금의 가격은 폭락하고, 염전의 사업성은 급속히 쇠퇴하게 되었다.

2) 생산과 가격혁신이 가져온 부작용

소금의 대량 생산은 겨우 100년부터

요즘은 소금 가격이 수입은 1kg에 50원, 국산은 200원 정도라고 한다. 생수병에 파는 물보다 저렴하다. 우리의 하루 섭취량이 10g이니 1년 치면 3.6kg이고, 720원이면 한사람에게 1년 동안 필요한 소금을 공급할 수 있고, 360억이면 5000만 명에 공급할 수 있다. 우리나라 예산의 만분의 일도 안 되는 적은 돈으로 전 국민을 무료로 소금을 공급할 수 있다. 과거에는 국가수입의 절반이 소금에 붙인 세금으로 거두기도 했는데 정말 놀랄 만큼 저렴해진 것이다.

이처럼 소금의 대량생산으로 가격이 저렴해지자, 소금의 귀중함은 사라지고 오남용과 유해성 논란만 심해졌다. 식품 소재는 맛이 있고 가격이 저렴하면 칭찬을 받는 것이 아니라 오히려 욕을 먹는 경우가 많다. 단맛을 내는 설탕, 감칠맛을 내는 MSG, 짠맛을 내는 소금 모두 가성비가 가장 뛰어난 소재이다. 그러니 그만큼 많이 쓰고 그래서 부작용이 있으면 많이 사용하는 것을 문제 삼는 것이 아니라 소재 자체에 무슨 문제라도 있는 양 함부로 말하는 경우가 많다.

소비자가 소금을 직접 먹는 경우는 없고 주로 음식을 통해 섭취를 하는데 가톨릭대 식품영양학과 손숙미 교수가 20~59세 성인 552명을 조사한 '대국민 저염 섭취 영양 사업을 위한 사전조사 보고서'에 따르면 성인들이 소금을 가장 많이 섭취하는 경로는 김치류 29.6%, 국찌개류 18%, 어패류 13.3% 순이었다. 김치를 많이 먹으니, 김치를 통한 소금 섭취량이 많고, 국이나 찌개는 소금의 농도는 높지 않아도 국물의 양이 많아 모두 먹으면 소금 섭취량이 크게 늘어난다. 장아찌나 젓갈류는 소금 농도는 진해도 섭취량이 작아서 기여도는 4.2%에 불과하다. 그렇다고 한식의 특징이자 자랑인 김치의 섭취량을 무작정 줄일 수도 없고, 국물요리를 무작정 서양의 소스처럼 국물이 적은 형태로 바꿀 수도 없다.

우리나라 하루 나트륨 평균섭취량은 1998년 4,542mg 2001년 4,903mg, 2005년 5,279mg, 2010년 4,831mg, 2015년 3,890mg, 2018년 3,274mg이다. 고혈압 등 만성질환을 예방하려면 하루 섭취량을 2,300mg까지 줄여야 한다고 하니 아직 높은 편이지만 세계 평균에 비해 아주 높은 것은 아니다.

3) 싸고 맛있으니 과잉섭취는 필연적인 현상이다

과거에는 소금은 귀하고 비쌌으니 소금 섭취량이 적을 수밖에 없었지만, 현대에 들어와 가격이 파격적으로 저렴해지면서 소금의 대량 소비시대가 열렸다. 더구나 과거에는 냉장고도 없어서 소금은 식품의 보존성을 높이는 수단으로 대량으로 사용되었다. 일본의 경우 1950년대에 정점에 달해 일인당 17g 이상의 소금을 섭취했다. 권장량의 3배가 넘는 수치다. 그러다 1955년 이후 꾸준히 감소하고 있다. 이런 나트륨 줄이기에는 교육과 냉장고의 보급이 큰 역할을 하였다. 우리나라는 2005년 이후 꾸준히 섭취량이 줄고 있지만 아직 권장량보다 2배 많이 섭취하고 있는 실정이다. 그래서 고혈압 등에 위험요소로 작용하고 있다.

소금과 혈압

소금의 과잉섭취의 부작용으로 가장 많이 이야기 되는 것이 고혈압이다. 의사들은 지속적인 소금의 과잉 섭취가 혈액의 삼투압을 높여 혈관 속에 혈액량을 과도하게 늘어나는 결과를 초래해 고혈압을 유발하고, 고혈압이 혈관을 손상시키고, 심장병과 뇌졸중의 위험을 증가시킨다고 주장한다. 그러나 저염식이 혈압을 일부 사람들에게서, 조금밖에 낮추지 못한다는 사실이 밝혀졌다. 게다가 저염식에도 부작용이 있는데, 대표적인 것이 혈중 콜레스테롤 수치의 상승이다.

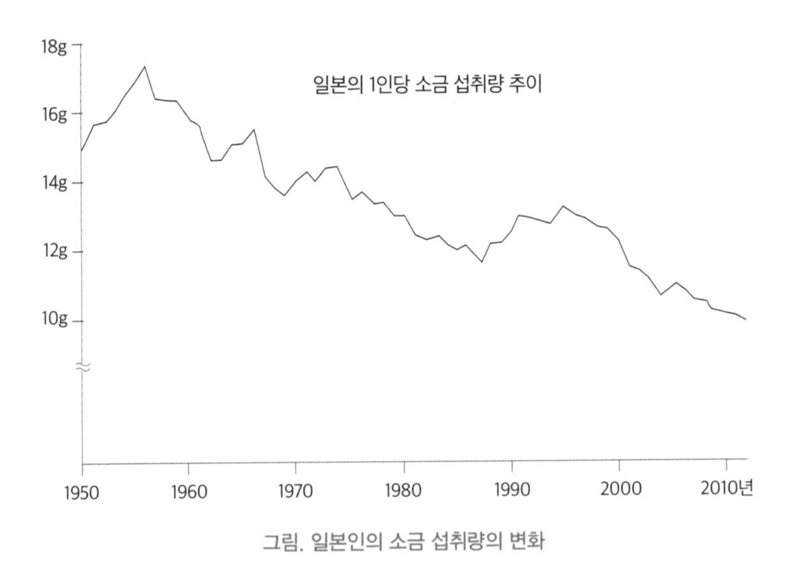

그림. 일본인의 소금 섭취량의 변화

소금과 신장

소금은 주로 혈액에 존재하는데 과도한 나트륨은 신장에서 배출된다. 신장은 체내의 노폐물을 배출하는 기관인데, 염화나트륨은 혈액에 존재하는 미네랄의 86%를 차지하는 절대적인 미네랄이다. 이들은 사구체의 미세한 틈을 통해 다른 작은 분자들과 함께 배출된 후 다시 재흡수 되어야 한다. 신장에서 이런 배출기능이 망가져도 큰 문제가 되고, 필요한 미네랄의 재흡수가 덜 되어도 큰 문제가 된다.

신장이 정상적인 사람의 소변에는 단백질이 아주 조금 섞여 나온다. 신장의 기능이 나빠져서 소변에 단백질이 많이 섞여 나오는 상태를 단백뇨라 하는데, 신장기능이 나쁜 사람 중에 소금을 많이 섭취하는 사람에서 단백뇨가 더 심해진다. 그런 사람이 소금 섭취를 줄이면 신장기능이 나빠지는 속도를 늦출 수 있다.

소금과 암

우리 인체는 여러 가지 방법으로 과도한 염분을 희석하지만 지나치게 짠 음식들을 먹으면 소화계의 표면의 세포를 손상시킬 수 있는 염도에 노출된다. 그래서 중국의 젓갈이 발암물질로 등재되어 있기도 한다. 중국의 비슷한 지역의 젓갈을 많이 적게 먹는 지역(농촌)과 많이 먹는 지역(어촌)의 위암 발생율에 현저한 차이가 발생했기 때문이다.

일본인 39,065 명을 11년 동안 조사한 연구 결과가 2004년 발표되었는데 염분을 많이 섭취하는 사람은 위암 발생률이 두 배 정도 높다고 한다. 위에 들어있는 음식물의 소금 농도가 높으면 위를 보호하는 보호막이 파괴되고 염증이 생기며 광범위하게 위가 헐고 위축성 변화가 일어난다. 이런 상태는 위암이 생기기 좋은 환경을 만들고 발암물질이 작용하기 쉽게 하는 것으로 추정 된다.

소금의 역설

짜게 먹으면 건강에 좋지 않은 것이 확실하지만 그렇다고 무작정 싱겁게 먹을수록 건강에 좋은 것도 아니다. 신진대사를 담당하는 호르몬들의 균형이 깨지고 총콜레스테롤과 중성지방은 높아질 수 있다. 또 지나친 저염식은 혈당을 낮춰주는 인슐린 호르몬을 방해해서 당뇨병 위험이 커진다는 연구도 있다. 국내 연구진이 갑상선암 환자를 추적 조사했더니 지나치게 싱겁게 먹은 환자의 14%는 체내 전해질 균형이 깨지는 것으로 나타났다. 이들 환자는 이미 갑상선 호르몬 수치도 낮아져 있는데 소금도 안 먹고, 호르몬 수치가 낮으니까 더 피곤하고 힘이 빠지게 된다. 왜 그렇게 되는지는 이후 소금의 기능을 알게 되면 저절로 이해가 될 것이다.

2장

소금이 세상에서 가장 맛있는 이유

1. 미각, 맛의 의미는 단순하지 않다
2. 초식동물이 소금을 갈망하는 이유
3. 짠맛의 기적과 소금의 역할
4. 소금, The most vital mineral

대부분의 비타민과 미네랄은
그것이 풍부한 식재료가 많아
음식을 적당히 골고루 먹는 것으로
해결할 수 있지만
염화나트륨이 풍부한
식재료는 소금밖에 없다

그래서 우리는 소금을
따로 챙겨 먹는 것이다

미각, 맛의 의미는 단순하지 않다

1) 미각, 맛은 단순하지만 깊이가 있다

운명이 감각을 바꾸고, 감각이 운명을 결정한다

우리는 소금 섭취를 줄여라, 싱겁게 먹는 것이 건강에 좋다는 말을 무수히 들어왔다. 그런데 우리는 왜 소금을 줄이지 못할까? 한마디로 소금을 줄이면 맛이 사라지기 때문이다. 건강 문제로 무조건 '소금 섭취를 줄여라'는 처방을 받는 환자마저 저염식단에 쉽게 적응을 하지 못한다. 사실 맛에 소금의 영향이 얼마나 강력한지는 한동안 소금이 없이 먹어봐야 알 수 있다. 저염식단을 먹다 다시 간이 된 음식의 맛을 보면 감동의 눈물을 흘릴 정도라고 한다. 그러니 소금의 의미를 알려면 먼저 혀로 느끼는 오미(五味)부터 알아볼 필요가 있다.

혀로 느낄 수 있는 맛은 고작 단맛, 짠맛, 신맛, 감칠맛, 쓴맛 이렇게 5가지뿐이고 수많은 음식의 다양한 풍미를 부여하는 것은 0.1%도 안 되는 향기물질에 의한 것이다. 그래서 맛을 연구하는 과학자들은 맛에서 미각이 5~20%, 후각(향)이 80~95% 정도의 역할을 한다고도 말한다. 하지만 이것은 사실이 아니다. 후각의 다양성에 현혹되어 미각의 의미를 과소평가하는 것이다. 만약 향이 90%의 역할을 한다면, 우리는 맹물에 향기만 추가한 제품을 마시면서 90%의 만족감을 가져야 한다. 하지만 그런 제품은 출시되자마자 시장에서 외면당하고 퇴출된다. 아무도 소고기향 음료를 마시기는커녕 개발할 엄두조차 내지 않는다. 소금 중독, 설탕 중독, 탄수화물 중독 같은 맛에 대한 중독은 있어도 향 중독은 없는 것이다.

맛(미각)의 위력을 깨닫기 위해서는 그것을 없애보면 된다. 만약 과일에서 단맛이 부족하면 단지 맛만 줄어든 것이 아니라 향도 빛을 잃는다. 단맛이 약한 과일에 설탕을 추가하면 모든 풍미가 살아난다. 간이 맞지 않은 음식은 아무리 재료가 좋아도 제 맛이 나지 않는다. 간이 딱 맞아야 환상적인 맛이 되는 것이다.

이런 미각의 중요성을 가장 확실하게 보여주는 것이 편식하는 동물들이다. 판다는 원래는 초식과 육식을 같이 했지만, 약 700만 년전 감칠맛 수용체의 유전자에 고장이 나면서 고기 맛을 모르게 되었고 지금은 대나무 잎만 먹고 산다. 반대로 호랑이와 같은 고양잇과 동물들은 단맛 수용체의 유전자가 고장 나 단맛만 있는 음식은 아무런 맛이 없는, 이상한 음식이 되었다. 고양잇과 동물도 개, 곰과 마찬가지로 잡식동물에 속했는데, 어느 순간 단맛 수용체를 잃고 고기만 좋아하는 동물이 된 것이다.

달면 삼키고 쓰면 뱉어야 한다

내가 아무리 미각이 중요하다고 설명해도, 단맛은 설탕, 신맛은 식초나 구연산, 짠맛은 소금, 감칠맛은 MSG로 간단히(?) 해결할 수 있으니, 쉽게 생각하는 경우가 많다. 하지만 미각은 그 하나하나가 먹는 목적 또는 생존 그 자체일 정도로 중요하다. 식재료의 영양분을 판단하는 핵심이 후각이 아니라 미각인 것이다.

우리는 날마다 먹어야 하고, 음식이 건강에 가장 중요하다고 말하는 사람도 많지만, 정작 왜 먹어야 살 수 있는지 정확히 말해주는 사람은 드물다. 우리는 매일 1.5~2kg의 음식을 먹는 데 만약에 그것이 모두 우리의 피와 살이 된다면 우리의 체중은 매년 수백 kg이 늘 것이다. 하지만 우리의 체중은 큰 스트레스를 가하지 않으면 1년에 500g 정도만 변한다. 먹는 것 대부분이 생명의 배터리(에너지원)인 ATP를 합성하는데 사용되고 사라지기 때문이다. 사실 우리가 먹어야 하는 이유, 우리가 숨을 쉬지 않으면 금방 목숨이 위태로워지는 이유, 우리가 단것을 그렇데 좋아하는 이유, 신맛을 감각하는 이유 모두가 하나로 연결되어 있다. 바로 생명의 배터리인 ATP를 생산하는 일이다.

ATP는 가전제품에서 전기가 하는 일처럼 우리 몸의 모든 세포가 작동하는데 필요한 절대적 에너지다. 이런 ATP를 합성하는데 필요한 것이 탄수화물, 단백질, 지방 같은 열량소이고 이중에 어떤 것을 사용해도 되지만 우리 몸이 가장 좋아하고 잘 활용하는 열량소가 탄수화물(당류)이다. 한국인이 먹는 음식의 60% 이상이 탄수화물인데 밥으로 먹든, 빵으로 먹든, 국수로 먹든 그 안에는 탄수화물이 가장 많다. 그리고 어떤 탄수화물이든 분해하면 포도당이라는 단 한 가지 분자가 되고, 그 포도당은 ATP를 만드는데 사용된다.

우리가 단것을 좋아하는 이유는 결국 에너지원으로 포도당이 압도적으로 많이 필요하기 때문이다. 다른 모든 맛 성분은 1%이하여도 충분히 짜고, 시고, 쓴데, 단것만은 10% 이상이 되어야 달다고 느끼는 것은 그 만큼 우리 몸에 많은 양이 필요하기 때문이다. 그래서 모든 동물은 에너지원을 확보하기 위해 사력을 다한다.

단맛이 그런 의미라면 신맛은 또 무슨 의미일까? 나도 예전에는 신맛을 별로 대수롭지 않게 생각했는데, 알고 보면 생명현상에서 신맛(pH)의 조절만큼 긴박한 것도 없다. 우리의 혈액은 pH가 7.35~7.45로 일정하게 유지된다. 그리고 이 pH가 0.2만 변하여도 생명이 매우 위험해 질 수 있다. 혈액뿐 아니라 세포내 pH를 일정한 수준으로 유지한다. ATP를 만드는 소기관인 미토콘드리아의 pH는 8.0이다. 우리 몸에서 수소이온(H^+)을 가장 많이 만드는 곳이 바로 미토콘드리아인데 다른 부위보다 pH가 오히려 높은 것이다. 미토콘드리아에서 유기물이 최종적으로 이산화탄소(CO_2)와 수소이온(H^+)으로 분해하는데, 이산화탄소는 저절로 빠져나가고 수소이온(H^+)은 미토콘드리아의 내막과 외막사이인 중간에 배출된다. 그래서 외막과 내막사이에 수소이온의 농도는 아주 높다. 그 수소이온(H^+)의 농도차이로 ATP합성효소를 회전시키면서 수소이온이 안으로 들어오고, 그 회전력을 바탕으로 ADP와 인(Pi)이 결합하여 ATP로 합성된다. 이런 시스템이 계속 작동되게 하려면 미토콘드리아 안으로 들어온 수소이온(H^+)을 바로 제거해야 한다.

이를 위한 가장 효율적인 방법이 수소이온을 산소(O_2)와 결합시켜 물(H_2O)로 바꾸는 것이다. 만약에 이 기능이 멈추면 미토콘드리아의 수소이온 농도가 높아져 전위차가 없어지고, ATP합성효소의 작동도 멈추게 되고, 모든 생명 현상도 곧 멈추게 된다. 그러니 수소이온농도인 pH 또는 신맛을 정확하게 느끼고 제어하는 것은 생명을 유지하는데 핵심적인 기능인 것이다.

ATP를 합성할 때 필요한 수소이온을 만드는 원천이 유기산이다. 우리는 유기산을 고작 신맛을 내는 물질 정도로만 아는 경우가 많지만, 광합성 회로를 구성하는 분자, 포도당에서 피루브산을 거쳐 이산화탄소로 분해되는 에너지 대사를 구성하는 분자는 모두 유기산으로 되어 있다. 포도당을 합성하고, 영양분을 분해해서 에너지를 만드는 중간물질도 모두 유기산으로 되어 있는 것이다. 우리 몸 안의 유기산들은 만들어지자마자 곧바로 다른 물질로 계속 전환되면서고 제거되기 때문에 우리 몸에는 아주 작은 양만 남아있게 되어 잘 모르고 있지만, 만약에 대사과정에서 만들어지는 유기산의 양이 계속 누적된다면 우리 몸에서 가장 많은 부분을 차지하는 것이 유기산일 것이다. 이런 것을 생각하면 pH, 즉 신맛을 감각하는 것은 생명현상 자체를 감각하는 것이라고 할 수 있다.

쓴맛의 목적도 단맛만큼이나 명확하다. 식물은 광합성을 통해 자신에게 필요한 유기물과 에너지를 얻을 수 있지만 그 속도는 느리다. 그러니 동물처럼 에너지 소비가 많은 활동은 하지 못하고 그 자리에서 꼼짝하지 않는 고정된 삶을 산다. 식물은 곤충이나 초식동물이 나타나면 그 자리에서 꼼짝없이 당할 수밖에 없다. 이런 식물들은 자신을 보호하기 위해 온갖 방책을 사용하는데 타닌(tannin) 같은 독이 되는 물질을 만드는 것이 그 방책이다. 타닌은 단백질과 결합하는 능력이 있어서 다량 섭취를 하면 단백질(소화효소)들과 결합하여 효소의 기능(소화)에 문제가 생긴다. 특히 곤충 애벌레와 같이 작은 동물은 작은 양에도 민감하여 성장에 문제가 생기거나 사망하게 된다.

그러니 동물은 이런 자연(식물)의 독을 피하는 것이 생존에 가장 기본 조건 중 하나이고, 독이 되는 것들을 쓴맛으로 감각하여 피하려 애를 쓴다. 자연에는 워낙 다양한 독이 있어서 그만큼 우리 몸에는 많은 종류의 쓴맛 수용체가 있다. 단맛, 짠맛, 신맛, 짠맛은 1~2종의 수용체로 작동하지만 쓴맛은 25종으로 압도적으로 많다. 그러니 달면 삼키고 쓰면 뱉어야 하는 것이다.

감칠맛은 단백질을 감각하기 위한 것이다

동물은 몸을 만들기 위해서 다량의 단백질이 필요한데, 단백질을 합성하기 위해서는 20종의 아미노산이 필요하다. 그중에서 글루탐산이 감칠맛의 핵심이다. 20종의 아미노산 중에 가장 흔한 글루탐산 한가지만을 감각하는 것이 다소 위태로워 보이지만 자연에 존재하는 아미노산은 대부분 단백질의 형태로 존재하기 때문에 특정 아미노산만 많이 먹을 가능성이 없다. 동물의 경우 아미노산의 99%는 단백질의 형태로 존재하고 1%정도만 맛으로 느낄 수 있는 개별 아미노산(유리 아미노산) 형태로 존재한다. 더구나 동물의 단백질의 조성은 우리 몸의 단백질의 조성과 크게 다르지 않다. 특히 계란이나 우유처럼 생존을 위한 영양 목적으로 만들어진 단백질은 우리 몸에 필요한 이상적인 비율에 가깝다. 단백질이 풍부한 음식을 찾는 것이 중요하지 단백질의 조성까지 따질 필요는 없는 것이다. 그러니 글루탐산 한 가지만 감각하여도 단백질이 풍부한 음식을 찾아내는데 별 문제가 없었다.

2) 맛 중독은 있어도 향 중독은 없다

소금은 결코 짜지 않다

우리는 소금을 짠맛이라고 배운다. 그런데 음식에 적당량 넣으면 짜지는 것이 아니라 맛있어진다. 그러니 소금을 짠맛이 아니라 다른 재료로는 도저히 낼 수 없는 미치도록 맛있는 맛이라고 해야 할 것이다. 그래야 모든 맛의 현상과 나트륨 저감화가 왜 그렇게 어려운지를 이해하기 쉬워진다.

아니면 차라리 소금 자체는 아무런 맛이 없다고 해야 할 것이다. 사실 소금이라는 분자 자체에는 아무런 맛도 향도 없다. 우리 혀에 소금을 감각하는 수용체가 있고, 그 수용체에 소금이 감지되면 전기적 신호가 뇌로 전달될 뿐이다. 그것을 뇌가 맛으로 해석하는 것이다.

이처럼 맛은 분자 자체에 의해 저절로 일어나는 현상이 아니라, 우리 몸이 자연의 1억 종이 넘는 분자 중에서 그것을 감각하는 것이 생존에 크게 도움이 되는 것을 애써 감각 수용체를 만들어 감각하는 현상이다. 소금이 짠 것이 아니고, 우리 몸(뇌)이 소금이라는 물질이 필요해서 소금을 감각할 수 있는 수용체를 만들어 소금이라는 물질이 짜다고 느끼도록 진화해온 것이다. 그러니 그 많은 분자와 이온 중에서 왜 소금(염화나트륨)을 감각하는 것이 그렇게 중요한 것인지 아는 것이 핵심인 것이다.

감각의 기본 목적은 생존이다

오미의 의미를 하나하나 알아가다 보면 우리가 왜 소금을 줄이는 것이 왜 그렇게 어려운지를 이해할 수 있다. 사람들에게 맛은 5가지뿐이고 향은 1조가지나 구분될 정도로 다양하다고 하면 향이 중요하다고 생각한다. 더구나 미각은 소금, 설탕, 식초, MSG로 해결할 수 있는데, 후각은 그토록 다양하고, 미묘하고, 다루기 힘들고, 신비하게 느껴지기도 한다. 그러니 향미에서 맛 물질보다 향(후각)이 훨씬 중요하다고 생각하기도 한다. 향은 다양하고 재미있지만 그만큼 변덕이 심하고 대안이 많다. 반대로 미각은 정말 단순하지만 깊이가 있고 대안이 적다. 아무런 향이 없는 소고기는 먹을 수 있어도, 맹물에 '소고기 향'만 느껴지는 음료는 먹지 않는다. 그래서 제로 칼로리 식품이 성공하기 힘들고, 나트륨 줄이기가 그렇게 어려운 것이다.

점점 당류의 과도한 소비도 문제가 되고 있는데 설탕은 단순히 욕망의 문제이다. 설탕을 뺀다고 생존에 아무런 문제가 되지 않는다. 하지만 소금은 단순히 맛의 문제가 아니라 생존의 문제다. 과일, 채소, 곡식, 고기, 생선 등 식품을 적당히 골고루 먹으면 칼로리, 탄수화물, 단백질, 지방, 비타민, 그리고 나트륨을 제외한 미네랄 등 모든 영양 문제가 해결이 되지만 나트륨(소금)만큼은 식물성 원료나 동물성 원료로는 해결이 어렵다. 다른 대안이 없어서 소금을 별도로 챙겨 먹어야 한다.

2

초식동물들이 소금을 갈망하는 이유

1) 식물이 살아가는데 필요한 것은 단순하다

식물은 나트륨 대신 칼륨을 택했다

식물은 이산화탄소와 물만 있으면 광합성을 통해 모든 탄수화물과 지방을 만들 수 있다. 거기에 암모니아 같은 질소원만 있으면 단백질과 질소화합물을 만들 수 있다. 식물은 결국 비타민을 포함한 모든 유기물을 스스로 만들 수 있는 것이다.

그래서 식물은 동물과 생존과 성장에 필요한 물질이 다른데, 식물에 필요한 핵심 물질이 물(H_2O)과 이산화탄소(CO_2)이다. 물과 이산화탄소를 130,000mg 사용할 때 질소(N)는 10,000mg, 칼륨(K)

은 2,500mg, 칼슘(Ca)은 1,250mg, 마그네슘(Mg)은 800mg, 인(P)은 600mg 정도가 필요하다. 이산화탄소는 공기 중에 일정량이 있고, 칼슘과 마그네슘은 토양에 충분하기 때문에 별도로 비료 등으로 추가할 필요가 없고, 물과 토양에 크게 부족한 질소(N)와 인(P) 그리고 다소 부족한 칼륨(K)을 보충할 필요가 있다. 이렇게 식물이 섭취한 미네랄이 결국에는 우리가 섭취하는 음식에 포함된 미네랄이 된다.

필요한 미네랄의 종류에서 식물과 동물이 결정적으로 다른 것이 나트륨이다. 일부 식물 특히 C4 방식으로 광합성을 하는 식물은 나트륨을 미네랄로 활용하고, 어떤 식물은 바닷물에서 자라기도 한다. 하지만 대부분의 식물에게 나트륨은 스트레스로 작용한다. 토양의 과량의 나트륨은 물의 흡수를 막아 식물을 시들게 하고, 세포질의 과도한

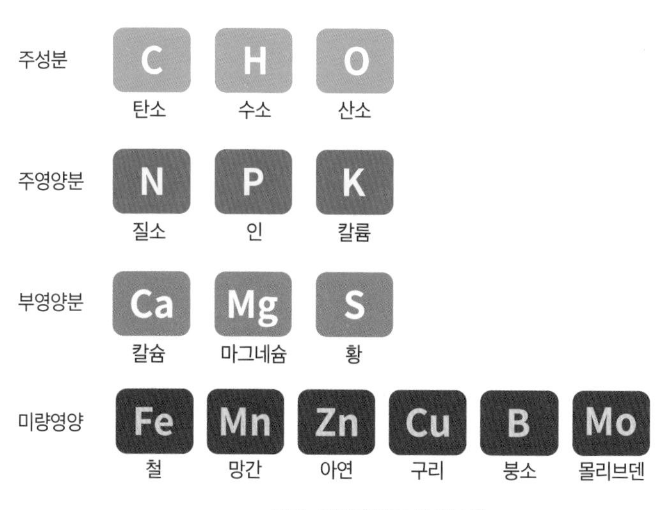

그림. 식물에 필요한 원소들

나트륨 농도는 효소를 저해하여 괴사 및 백화 현상을 일으킬 수 있다. 나트륨은 다른 생리적으로 중요한 이온과 경쟁하고 이온과 수분/삼투압 균형에 악영향을 끼친다. 식물이 소금 스트레스를 받으면 즉시 세포질의 칼슘이온 농도가 높아진다. 그래서 식물은 뿌리의 나트륨 섭취를 제한하고, 뿌리부터 잎까지 염분의 이동을 제한하는 기작을 가지고 있다. 그래서 식물에는 소금성분이 거의 없다.

[표] 식재료에서 나트륨(Na)과 칼륨(K)의 비율

종류	나트륨	칼륨	Na %	K/Na
계란	135	138	97.8	1.0
모유	48	68	70.6	1.4
당근	95	224	42.4	2.4
우유	50	160	31.3	3.2
시금치	123	490	25.1	4.0
돼지고기	45	400	11.3	8.9
양배추	31	302	10.5	9.7
오이	13	141	9.2	10.8
쌀 (도정)	6	113	5.6	18.8
상추	3	208	1.5	69.3
감자	6	568	1.1	94.7
밀가루	3	361	0.9	120.3
강남콩	43	1160	3.7	27.0
콩		1160	0	

식물에 칼륨은 풍부하다

우리가 흔히 먹는 식물에서 칼륨과 나트륨 비율(Na/K)을 확인해 보면 강낭콩(43/1160, 3.7%), 양배추(31/302, 10.5%), 오이(13/141, 9.2%), 상추(3.1/208, 1.5%), 감자(6.5/568, 1.1%), 고구마(17.8/296, 6%), 시금치(123/490, 25%), 밀가루(3.4/361, 0.9%), 쌀(6.3/113, 5.6%), 콩(0/1160) 등이다. 식물에는 보통 칼륨이 나트륨보다 10배 이상 많은 것이다.

2) 동물에게 소금의 의미

먹어야 산다

모든 동물은 먹어야 산다. 식물은 자신에게 필요한 유기물을 햇빛의 에너지를 이용하여 물과 이산화탄소로부터 만들 수 있지만 동물은 유기물을 합성하지 못하므로 충분한 에너지원을 먹어야 한다. 우리가 먹어야 하는 것은 주로 에너지원이라 탄수화물이든 단백질이든 지방이든 소화흡수 가능한 유기물만 충분하면 된다. 그래서 초식동물은 풀(탄수화물)만 먹고 살 수 있고 육식동물은 고기(단백질)만 먹고도 살 수 있다. 이런 열량소 말고 소량 필요한 것이 비타민과 미네랄이다. 식물은 필요한 비타민을 포함한 모든 유기물을 스스로 합성해서 살지만, 미네랄만큼은 합성하지 못한다. 동물도 당연히 미네랄을 합성하지 못하지만 동물은 어차피 식물을 먹고 살아가므로 식물을 먹으면 그 안에 미네랄도 같이 섭취하게 된다. 식물과 동물에 필요한 미네랄은 공통적인 경우가 많다. 그러니 식물이나 다른 동물성 원료를 적당히 골고루 먹으면 대부분의 영양분과 미네랄도 해결된다. 그래서 영양학이 등장하기 전에, 미네랄이란 개념조차 몰랐을 때도, 살아가는데 아무 문제가 없었다. 소금만 별도로 첨가하면 말이다.

식물에는 피가 없다

인간을 포함한 동물에 많이 필요하지만 식물에게는 필요 없는 것이 나트륨(Na)과 염소(Cl)이다. 인간의 혈액에 존재하는 미네랄(이온)의 86%가 나트륨과 염소인데 식물은 피가 없고, 세포내에는 칼륨이 그 역할을 하기 때문에 나트륨을 거의 흡수하지 않는다. 그래서 대부분의 식물에는 칼륨은 많지만 나트륨은 칼륨의 10%가 안 되는 작은 양만 있다.

인류의 기원은 바다이다. 물고기 시절 바다에 가장 풍부한 미네랄이 나트륨과 염소이고, 육상동물로 진화해온 뒤에도 혈액에는 여전히 나트륨과 염소가 많다. 혈액에 있는 나머지 모든 미네랄을 합해도 나트륨과 염소를 합한 양 86%에 비하면 아주 작은 양이다. 인류의 조상인 물고기 시절에는 염화나트륨이 넘쳐서 문제였지 부족한 일이 벌어질 것은 상상조차 못했을 것이다. 뭍으로 올라오면서 나트륨 문제가 심각해진 것이다.

식물에 나트륨이 없으니 식물만 먹고사는 초식동물은 항상 나트륨이 부족 할 수밖에 없다. 그래서 나트륨 확보에 사력을 다하고, 일단 흡수한 나트륨은 몸 밖으로 배출되는 것을 막기 위해 사력을 다한다.

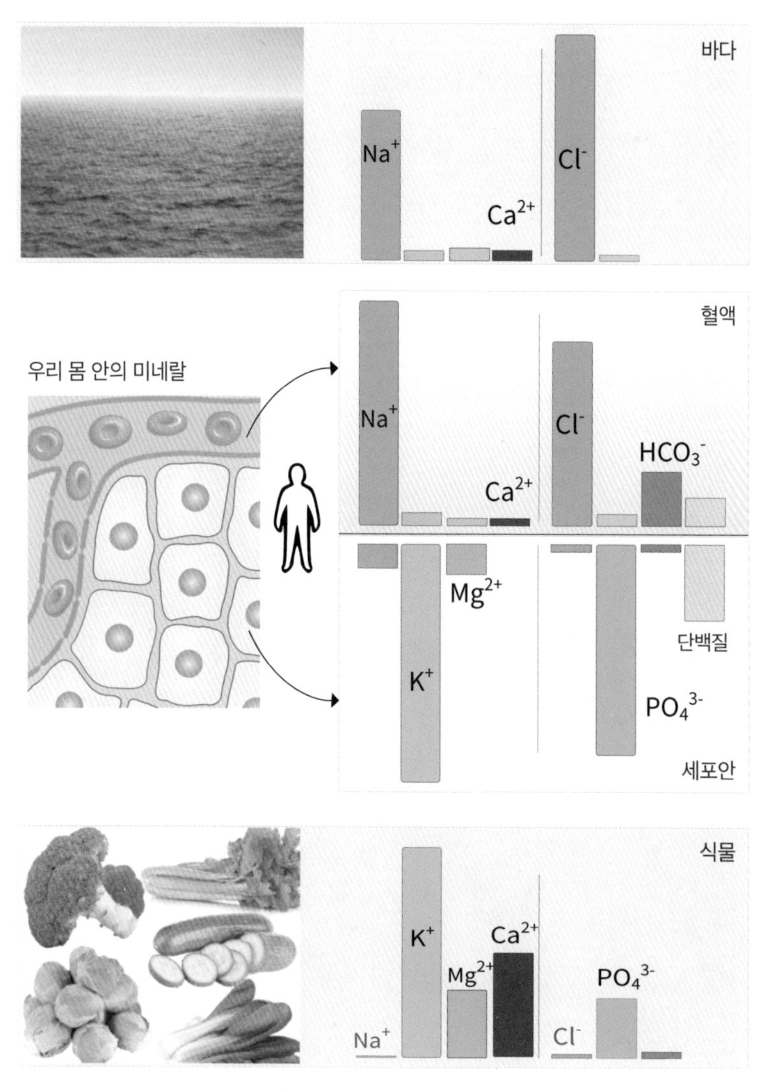

그림. 세포와 혈액의 미네랄 조성

식물에는 나트륨이 적어서 식물의 잎과 열매, 뿌리를 엄청나게 많이 먹어도 나트륨 100mg을 섭취하기도 쉽지 않다. 코끼리는 하루 200kg 가량의 풀을 먹지만 풀을 통해 코끼리가 얻는 나트륨 양은 매우 적다. 그럼에도 코끼리가 버틸 수 있는 것은 소금의 배출을 사력을 다해 막기 때문이다. 코끼리는 하루에 약 50L의 소변을 보는 데 소변 속의 소금 양은 불과 10mg 정도라고 한다. 하루 2L도 안 되는 소변을 보는 한국인이 하루 10g의 정도의 소금을 소변으로 배출하는 것에 비하면 정말 작은 양이다.

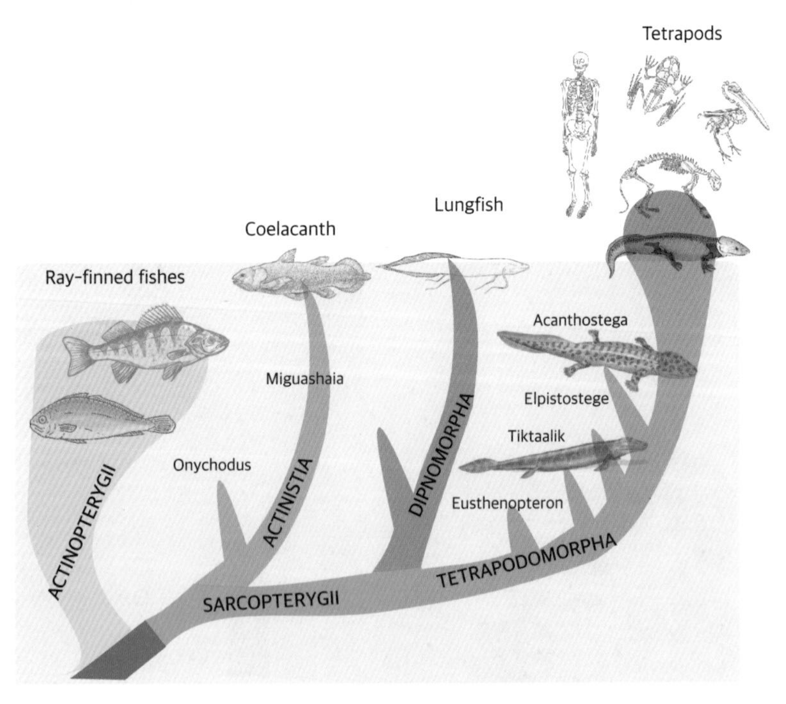

그림. 물고기에서 육상동물로 진화

육식 동물은 그나마 초식 동물의 나트륨을 흡수하지만, 초식 동물은 주식인 풀에 나트륨은 적고 칼륨만 많다. 칼륨의 과다가 더욱 염분을 먹고 싶게 만들기 때문에 소금을 얻기 위해 목숨을 건 위험한 행동도 한다. 사슴, 고라니, 들소 등은 소금이 포함된 바위를 빨기도 하고 때로는 다른 동물의 땀을 핥기도 한다.

인류도 수렵 생활을 할 때는 동물의 혈액 등에 포함된 나트륨을 섭취할 수 있어서 소금에 대한 절박함이 적었지만, 신석기 혁명 이후 곡식과 채식 위주의 식단으로 이행하면서 소금은 훨씬 절박해졌다. 인류는 수렵시대에는 그나마 동물의 피와 고기에서 어느 정도 소금을

그림. 소금을 찾아서 나비는 날아들고, 초식동물은 이동한다

섭취할 수 있었지만 농경이 시작되면서 소금에 대한 갈증이 극심해졌다. 그리고 소금을 얻기 위한 몸부림이 세계사를 뒤흔들었다.

3 짠맛의 기작과 맛에서 소금의 역할

1) 만약에 음식에 소금이 없다면

소금의 가치를 아는 가장 쉬운 방법은 음식에서 소금을 완전히 제거해 보는 것이다.

나는 켈로그의 기존 간판 제품에서 소금을 전부 빼버린 시험 제품을 맛볼 기회를 얻었다. 그리고서 그들이 아무리 소금 중독에서 벗어나고 싶어도 선뜻 먼저 나서지 못하는 이유를 완벽하게 이해할 수 있었다. 소금을 빼니 하나같이 엽기 요리 경연에서나 맛볼 수 있을 법한 맛이 났기 때문이다. 콘플레이크는 금속 맛이 났고 냉동 와플은 마치 지푸라기를 씹는 느낌이었다. '치즈-

잇'은 특유의 황금색 광채를 잃고 누르튀튀한데다가 입천장에 쩍쩍 들러붙었고, 버터 크래커인 '키블러(Keebler)'의 버터 향은 온데간데없이 사라져 버렸다. 소고기 채소 스프는 나트륨 양만 줄이고 다른 부분은 건드리지 않았다. 그런데 그저 맹맹한 것뿐만 아니라 쓰고 떫으면서 금속 맛과도 비슷한 끔찍한 맛이 났다.

– 『배신의 식탁』 중에서

소금의 마술은 거의 무한대이다. 보통 자연물은 아주 복잡한 구성 성분을 가지는데 그들 구성 성분을 하나하나 분리하여 맛을 보면 대체로 무미이거나 나쁜 맛인 경우가 많다. 나쁜 맛의 성분이 적거나 염

그림. 고기에 소금만 뿌려서 구워도 완벽한 요리가 된다. 출처_shutterstock

과의 균형을 이루었기 때문에 맛이 괜찮은 경우가 많다. 예를 들어 우유는 맛이 괜찮다. 우유에서 지방을 뺀 탈지우유도 맛이 괜찮다. 그런데 탈지우유에서 미네랄을 모두 제거하면 맛은 나빠진다. 그런데 거기에 다시 소금을 넣으면 원래 우유 맛이 난다. 소금 때문에 우유 맛이 나는 것은 아니지만 소금은 이처럼 나쁜 맛은 감추고 좋은 맛은 더 좋게 하는 능력이 탁월하여 제 맛이 나게 한다.

보건당국은 소금(나트륨) 적게 먹기를 강조하지만 쉽게 해결되지 않는 것은 소금이 온갖 요리의 핵심적인 맛 성분이라 무작정 소금을 줄이면 맛의 중심이 사라져 다른 모든 맛과 향이 시들어버리기 때문이다. 요리의 맛을 결정적으로 좌우하는 것은 소금이라 다른 재료는 양이 조금 변한다고 해서 맛에 영향을 크게 주지 않지만, 소금은 재료의 차이에 따라 미세한 조정이 필요할 정도로 예민한 성분이다.

소금은 확실히 격이 다른 조미료다

현대인은 음식에 많은 양념을 사용하기 때문에 소금도 조미료 중에 하나로 생각하지만 소금은 다른 조미료와는 근본적으로 격이 다르다. 다른 양념은 맛을 위한 것이라, 굳이 사용하지 않아도 된다. 하지만 소금은 생존을 위한 것이라 적절한 양을 반드시 사용하여야 한다.

과거나 현재에도 음식을 준비할 때 요리에 별도로 비타민이나 소금을 제외한 어떠한 미네랄도 별도로 첨가하지 않았다. 식재료 안에 이미 생존에 필요한 영양분과 미네랄이 충분히 들어있기 때문이다. 하지만 나트륨만큼은 어떠한 식재료의 조합으로도 충분히 만족시킬 수 없다. 그래서 꼭 소금을 별도로 첨가했다. 소금이 아마 인류 최초의 식품첨가물이자 최후의 첨가물일 것이다. 우리 몸은 소금의 중요성을 너무나 잘 알고 있었기 때문에 소금의 짠맛을 오미의 하나로 감각한다. 그래서 소금만큼 적은 양으로 요리에 강력한 풍미를 부여하는 물질은 없는 것이다. 분자 요리로 세계적 명성을 얻은 엘 불리의 페랑 아드리아는 소금을 "요리를 변화시키는 단 하나의 물질" 이라고 말한 바 있다. 소금은 음식의 전반적인 풍미를 높이고, 쓴맛을 없애 주고, 단맛을 더 강하게 하고 향을 풍부하게 만들며 심지어 이취마저 줄여 준다.

2) 짠맛의 기작과 맛과 향의 상호기작

소금의 나트륨이 짠맛을 부여하는 주 역할을 하고 염소가 보조한다. 단순히 나트륨만 있으면 짠맛뿐 아니라 쓴맛이 난다. 특정 음이온을 사용하면 쓴맛이 너무 강해서 짠맛을 느끼기 힘들기도 한다. 이런 짠맛을 감각하는 수용체로는 ENaCs(Epithelial sodium Channels)이 가장 유력한 후보이다.

ENaC 채널은 나트륨(Na^+)과 리튬(Li^+)이온 같이 작은 이온은 잘 통과하고 칼륨(K^+), 세슘(Cs^+), 루비듐(Rb^+) 같이 큰 이온은 그 채널을 매우 제한적으로 통과한다. 그래서 지금까지 순수한 짠맛을 내는 이온은 나트륨과 리튬이온 뿐인 것으로 알려졌다. 리튬은 상쾌한 짠맛을 내지만 많은 양을 사용할 수 없고 염화칼륨도 짠맛을 내지만 염화나트륨의 60% 수준이고 쓴맛이 있다.

ENaC는 신장(주로 집합세관), 폐, 피부, 결장 등에도 있다. 나트륨 이온 농도는 세포외액의 삼투압 조절에 핵심적 인자다. 세포 안에는 칼륨이 주도적인 역할을 하지만 혈관과 세포벽의 삼투압은 나트륨이 핵심이다. 나트륨 농도의 변화가 체액의 이동에 영향을 미쳐 결과적으로 체액량을 변화시키고 혈압에 영향을 준다. 이런 ENaC의 활동은 대장과 신장에서는 알도스테론에 의해 조절되며 이뇨제 역할을 하는

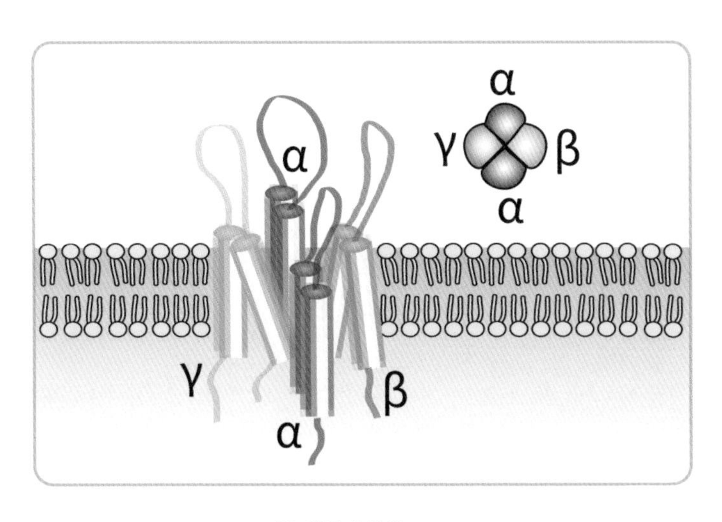

그림. 짠맛 수용체(ENaC)

의약품(triamterene) 또는 아밀로라이드(amiloride)에 의해 차단 될 수 있다.

ENaC는 맛 인식에 매우 중요한 역할을 한다. 이 이온 채널은 나트륨 이온을 세포 내로 받아들이는 역할을 하는데 세포 안으로 나트륨이 많이 들어오면 세포가 탈분극이 되고, 전압 의존성 칼슘 채널을 열어 세포 내부의 칼슘이 증가하여 신경전달이 일어난다.

쥐와 같은 설치류는 전적으로 ENaC에 의존해 작동하므로 아밀로라이드만으로 이 채널을 차단할 수 있다. 설치류에서 이 채널이 짠맛을 감지하는 주된 경로라는 것은 설치류 실험에서 아밀로라이드를 첨가하면 이 채널이 차단되어 짠맛을 덜 느끼게 된다는 것에서 알 수 있다. 그런데 인간의 경우 아밀로라이드에 의한 짠맛의 차단이 훨씬 덜 일어난다. 그래서 인간에게는 ENaC 말고도 다른 짠맛 수용체가 존재할 것으로 추정하고 있다. TRPV1가 강력한 후보인데 TRPV1은 Na^+, K^+, NH_4^+, Ca^{2+}과도 반응한다. 원래는 42℃ 이상의 고온을 감각하는 온도 수용체인데 캡사이신 같은 분자와 결합하고 이온과도 결합을 하는 것이다. 이것 말고도 TMC 단백질들도 후보이다. 만약 그런 채널과 자극하는 물질을 찾을 수 있으면 나트륨을 줄이는데 도움이 될 것이다.

ENAC는 맛 말고도 다른 기능을 하는데 뇌의 상피에 존재하는 ENaCs는 혈압조절에 중요한 역할을 한다. 소금의 섭취가 늘면 ENaC의 활성이 늘고 바소프레신(VP)뉴런의 활성이 늘어난다. 피부 표피층에서 ENaC는 땀으로 배설되는 나트륨 이온을 재흡수한다. 저알도스테론증은 부신피질에서 합성되는 알도스테론의 합성에 이상이 있거나 작용에 이상이 생겨 염분 소실, 전해질 이상, 탈수, 저혈압이 오는 모든 경우를 말하는데 ENaC 돌연변이로 저알도스테론증에 걸리면 특히 더운 기후에서 많은 나트륨 이온을 잃어 생명이 위험할 수도 있다.

소금 농도가 진해지면 쓴맛이 나는 기작

미각 수용체에 대한 연구는 다른 감각에 비해 매우 부족하고, 불과 10~20년 사이에 중요한 발견이 이루어졌다. 2000년 쓴맛 수용체가 발견됐고, 2001년 단맛 수용체, 2002년 감칠맛 수용체, 2006년 신맛 수용체, 2010년 짠맛 수용체가 확인되었다. 더 놀라운 것은 이것의 대부분을 미국 컬럼비아대학교 찰스 주커 교수팀이 해냈다는 것이다. 짠맛 수용체ENaC가 짠맛을 감지한다는 것은 알았는데 소금의 농도가 너무 진해지면 불쾌한 맛이 느껴지는 기작은 설명하지 못하였다. 염화칼륨 같은 것을 쓰면 뒷맛이 불쾌한 쓴맛이 나는 이유도 설명하지 못했다. 이 비밀마저 2013년 주커 교수팀의 연구 결과로 밝혀졌다. 과도한 짠맛일 때 뇌에 쓴맛과 신맛의 정보를 전달하는 신경경로가 활성화되어 불쾌한 짠맛의 정보로 해석된다는 것이다.

주커 교수팀은 먼저 불쾌한 짠맛을 감지하는 능력을 방해하는 물질을 찾아보기로 했다. 그 결과 겨자씨 기름의 성분인 알릴이소티오시아네이트AITC가 불쾌한 짠맛 감각을 무디게 한다는 사실을 발견했다. 놀라운 것은 이 물질이 쓴맛의 정보도 완전히 차단한다는 것이다. 즉, AITC가 있으면 고농도 염의 불쾌한 짠맛이 줄어들 뿐 아니라 쓴맛을 내는 물질도 느끼지 못하게 된다. 이 현상을 좀 더 확실히 검증하기 위해 연구자들은 쓴맛을 느끼지 못하게 만든 변이 쥐가 짠맛에 어떻게 반응하는지 알아봤다. 그 결과 적정 농도에 대한 유쾌한 반응은 정상이었지만 고농도에 대한 불쾌한 반응은 확실히 약해졌다. 그래서 신맛의 경로 또한 불쾌한 짠맛 정보에도 관여한다고 가정하고 실험을 설계했다. 즉, 신맛 수용체 PKD2L1이 고장 난 쥐를 만든 것이다. 실험결과 이 쥐는 신맛을 못 느낄 뿐 아니라 불쾌한 짠맛에도 둔감해졌다. 반면, 유쾌한 짠맛을 느끼는 감각은 정상이었다. 그렇다면 쓴맛과 신맛 모두를 느끼지 못할 경우 불쾌한 짠맛도 느끼지 못하게 될까? 연구자들은 이를 확인하기 위해 두 변이 쥐를 교배시켜 두 미각이 모두 고장 난 새끼를 얻었다. 그러자 불쾌한 짠맛을 느끼지 못하는 것으로 나타났다.

맛의 정점인 지복점

소금은 확실히 중독적이다. 심지어 소금을 먹고 싶은 욕구는 코카인 등 마약 중독 때 나타나는 욕구와 동일하다는 주장도 있다. 소금을 섭취하기 직전 뇌 상태를 살펴보면 코카인과 같은 마약을 흡입하기 직전에 나타나는 시상하부 신경세포 증가와 같은 패턴이 나타난다는 것이다. 하지만 이것이 특별한 것은 아니다. 소금 뿐 아니라 당분, 지방 등 우리가 좋아하는 모든 것에는 그런 반응이 일어나기 때문이다.

짠맛을 좋아하는 것은 타고난 숙명이지만 한계도 있다. 식품에 소금을 첨가하면 일정 지점까지는 음식에 대한 선호도가 높아진다. 그러다 과도한 양이되면 선호도가 떨어진다. 많은 소비자들이 좋아하는 농도를 아는 것이 메뉴 개발의 기본인 것이다.

그런데 이런 최적의 농도(지복점)는 개인마다 다르고 상황에 따라 다르다. 사실 과거에는 짠 음식에 대한 거부감이 지금보다 훨씬 적었다. 짭짤해야 맛있다고 느끼는 경우가 많았다. 과도한 소금은 건강에 해롭다는 인식이 증가하면서 짠 음식에 대한 거부감이 증가했다. 태도가 지복점을 상당히 바꾼 것이다. 소금에 대한 감수성을 높여 지복점

[표] 소금 농도에 따른 맛의 특징

소금농도 %	맛의 특징
0.05	거의 무미
0.10	미미한 감미
0.15	감미와 미미한 짠맛
0.2	감미를 띈 짠맛
0.3	약한 짠맛
0.5	짠맛
0.6	분명한 짠맛
1.0	분명하고 강한 짠맛
6.0	강한 짠맛
20.0	짠맛과 쓴맛
30.0	짠맛과 강한 쓴맛

을 낮추면 맛의 즐거움은 감소시키지 않으면서 음식에 소금 사용량을 줄일 수 있다.

소금이 풍미에 미치는 영향

염화나트륨은 짠맛을 내지만 염화칼륨은 짠맛과 동시에 쓴맛을 낸다. 그리고 염화나트륨은 다른 여러 가지 특성에도 영향을 준다. 소금은 많은 음식에서 바디감, 단맛을 높여주고, 금속취와 이취를 줄여주어 전체적인 선호도를 높여준다. 아래 그림은 중심에서 멀어질수록 강도가 높아지는 것을 나타내는데 스프에 소금을 넣으면 바람직한 특

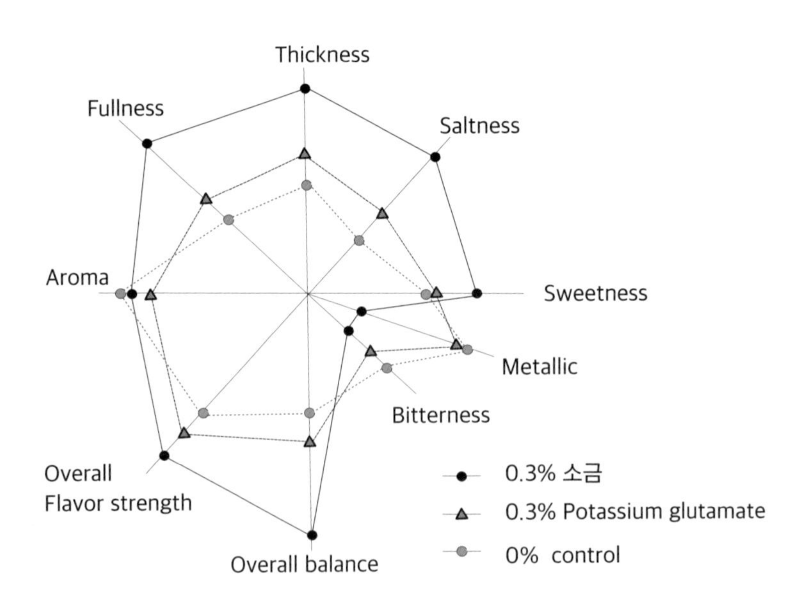

그림. 풍미에서 소금, 글루탐산의 첨가효과

성이 좋아짐을 알 수 있다. 그리고 쓴맛 같은 단점은 낮추어준다.

나트륨 함유 화합물이 전체 풍미를 개선시킬 수 있는 원리 중에는 쓴맛의 억제에 의한 것도 있다. 다양한 나트륨 함유 성분은 퀴닌하이드로클로라이드, 카페인, 황산마그네슘 및 염화칼륨을 포함하여 식품에 있는 특정 화합물의 쓴맛을 감소시키는 역할을 한다. 그리고 쓴맛의 억제는 다른 맛을 더 잘 감각 할 수 있게 하는 역할도 한다. 예를 들어, 설탕(단맛)과 요소(Urea, 쓴맛)가 있는 배합물에서 아세트산나트륨(약간 짠맛)을 첨가하면 나트륨이 쓴맛을 억제하여 이 혼합물의 단맛이 향상된다. 아세트산나트륨을 요소(Urea)가 없는 설탕 용액에 첨가 할 때 단맛의 변화가 발견되지 않았는데, 이것은 아세트산나트륨에 의한 요소의 쓴맛의 억제 작용이 없으므로 용액의 맛 개선이 없어서 동일한 단맛을 느낀다고 해석할 수 있다.

소금이 물의 수분활성도를 낮추는 것, 즉 결합수의 비율을 높이는 것도 음식의 맛을 강화시키는 요인이 될 수 있다. 결합수가 적을수록 향미의 강도가 효과적으로 발휘되고 향성분의 휘발성이 증가할 수 있다. 그러면 향을 더 잘 느낄 수 있고, 향이 풍부하면 쓴맛 같은 단점은 억제되고 단맛 같은 장점은 강화된다. 소금은 결국 짠맛을 부여하는 것 말고도 수많은 기작을 통해 식품의 선호도를 높이는데 기여를 한다. 이렇게 나트륨은 복합적으로 작용하기 때문에 나트륨 줄이기가 쉽지 않은 것이다.

대비효과

미각을 자극하는 두 가지의 맛이 있을 때 한쪽의 자극이 존재함으로써 다른 자극을 강하게 변화시키는 현상을 대비효과라 한다. 소금의 대비 효과를 나타내는 좋은 예는 설탕에 소량의 소금을 넣은 경우, 설탕의 단맛을 강하게 하는 것이다. 예를 들어 단팥죽에 소금을 조금(0.5%) 넣기도 하고 수박에 소금을 뿌려 단맛을 강하게 느끼게 한다. 다시국물에 소량의 소금을 넣어 맛있는 맛을 증강시키는 것도 대비효과이다.

억제효과

두 종류의 맛이 있을 때 한쪽의 맛이 다른 쪽 맛의 존재로 현저하게 약해지는 것을 억제효과라 한다. 예를 들면 초무침에 소량의 소금을 넣으면 신맛이 억제된다. 매실 절임에 소금을 넣거나 초밥에 소금을 넣는 것은 간을 한다는 의미에 더하여 식초의 강한 자극을 부드럽게 하기 위해서이다. 역으로 젓갈의 짠맛이 억제되는 예는 각종 액젓이나 오징어 젓갈과 같은 것이 있다. 이러한 식품은 특히 염분의 농도가 높음에도 불구하고 맛있게 먹을 수 있는 것은 젓갈 속에 들어 있는 각종 아미노산이나 유기산이 짠맛을 부드럽게 하기 때문이다.

2021년 소금으로 쓴맛을 줄인 소주도 등장했다. 알코올은 쓴맛이 강한데, 소주는 주정을 물로 희석했지만 알코올 농도가 20% 전후라 쓴맛이 강한 편이다. 그래서 스테비아 같은 감미료를 써서 쓴맛을 완화시키기도 한다. 그런데 단맛이 아닌 짠맛으로 쓴맛을 억제했다고 주장하는 소주도 등장한 것이다. 소금을 쓴맛은 약하게 느껴지게 억제하고, 짠맛은 느껴지지 않을 정도로 소량 첨가했다는 것이다.

소금을 제대로 활용하면 쓴맛을 줄이고, 단맛의 균형을 잡고, 풍미를 더하는 기능이 있는데 이를 활용한 것이다. 팥죽이나 콩국수를 먹을 때 어떤 지역은 설탕을 넣고 먹지만 어떤 지역을 소금을 넣고 먹는다. 짠맛, 단맛, 감칠맛은 전혀 다른 수용체로 감각되는 다른 맛이지만 때로는 같은 역할을 하기도 한다.

짠맛에 대한 감각의 형성

짠맛에 대한 감각은 태어날 때부터 어느 정도 갖추고 태어난다. 태어난 지 4~6개월의 신생아도 맹물 보다는 혈액 농도 수준의 소금물을 좋아한다. 그리고 유아기 때 소금의 섭취의 양은 소금에 대한 선호도에 영향을 준다. 어릴 때 짜지 않게 먹으면 계속 짜지 않게 먹는 경향이 있고, 태아의 생후 초기 또는 초기 유아기 동안 심한 나트륨 고갈을 겪으면 나중에 영구적으로 소금을 좋아하게 될 수 있다. 어릴 때 나트륨 고갈이 신경회로에 영구적인 변화를 유발하는 것은 대규모 실험 쥐 연구로도 밝혀졌다. 성인 때의 소금 고갈이 장기적 영향을 미친다는 증거는 거의 없다.

그런데 노인들이 다른 이유로 음식을 짜게 먹을 수 있다. 혀가 맛을 제대로 느끼지 못하기 때문이다. 나이가 들수록 미뢰(맛봉오리)의 수가 줄어들어 맛에 둔감해진다. 성인의 미뢰 수는 평균 245개이지만 노인의 경우 88개로 줄어든다. 그러니 20~30대 젊은 사람이 1로 느끼는 짠맛을 노인은 3.5배 정도 넣어야 비슷한 수준의 짠맛을 느낄 수 있는 것이다.

그리고 미각은 훈련에 의해 변할 수 있다. 사람들은 싱겁게 먹으면 처음에는 힘들어하지만 어느 정도 적응을 한다. 사람들이 저염식을 하면 처음에는 강하게 싫어하지만 지속되면 어느 정도 받아들여지고 이전 양의 소금을 함유한 식품은 너무 짠 것으로 인식 할 수 있다.

나트륨은 생존을 위해 많은 양이 필요로 하는 미네랄이며 더구나 신체에 많은 양을 저장할 수 없다. 그리고 바다를 떠난 자연의 환경에서는 발견하기 쉽지 않다. 식물위주의 음식을 먹으면 소금이 부족하기 쉽고, 소금이 부족하면 호르몬, 중추 신경계 및 행동 체계가 작용하여 나트륨을 찾는 동기를 부여해 나트륨 균형을 회복시킨다. 문제는 나트륨이 부족하지 않는데도 소금이 많이 들어간 음식을 좋아하는 경향이다. 사람들은 살아가는데 필요한 에너지원을 충분히 가지고 있는데도 필요량보다 더 많은 음식을 먹고 비만해지는 것처럼 실제 필요한 양보다 많은 소금을 미리 섭취하려는 경향이 있다.

맛에는 필연적인 이유가 있다

조선 말기 한국인의 고추 사용 급증 이유로 소금의 부족을 드는 해석도 있다. 고추의 캡사이신capsaicin이 소금 대체 효과를 낸다는 것이다. 고추는 임진왜란 때 일본을 거쳐 들어왔지만 200년 동안 식품에 많이 사용되지 않았다. 그러다 기근과 격변이 집중된 19세기 초반부터 김치를 담글 때 고추가 많이 사용되었다. 유학자들이 지은 문헌에도 고추·마늘·파·젓갈 등의 양념을 김치에 많이 쓰라고 적극적으로 권유했다. 소금에만 의존하지 말고 소금의 다른 '대체물'을 찾으라는 이야기이다. 이것이 가난한 백성에게 잘 먹혔다. 소금보다 고추·마늘·파 등을 구하기 쉬웠고, 소금의 부족한 아쉬움을 달래 주었다. 문화인류학자 아말 나지는 "잘사는 사람보다 그렇지 못한 사람이 더 맵게 먹는다. 농부와 노동자는 매운 고추 덕에 매일 먹는 밥의 단조로움을 이겨낸다."라고 했다. 지금처럼 생수 값보다 소금 값이 싼 시절에는 상상하기 힘들지만 과거에는 소금은 금만큼 귀했고, 그만큼 귀한 대접을 받았다.

사실 소금이 우리 몸에서 하는 일은 결코 단순하지 않다. 나트륨과 염소 이온으로 나뉘어 삼투압을 조절하고, 뇌의 신경세포에서 전기적 신호를 만들어 우리가 생각하고 살아 움직일 수 있게 한다. 그래서 나트륨이 부족한 저나트륨혈증은 신경학적 증상이 뚜렷하게 나타난다. 뇌 작동의 문제로 두통, 혼수, 근육의 무기력, 경련, 발작 등의 증상이 나타날 수 있다. 위장관 장애로 메스꺼움, 구토 및 설사가 일어나고 침과 소변의 분비에도 문제가 생긴다. 이런 증상은 주로 급성적일 때 나타나고 만성적일 경우는 증상이 나타나지 않을 수 있지만 집중력 저하와 여러 가지 기능저하의 문제가 생길 수 있다.

4

소금, The Most Vital Mineral!

1) 우리 몸에 가장 많이 필요한 미네랄은?

식품의 성분은 3대 영양소처럼 많은 양을 차지하는 열량소, 비타민 미네랄처럼 소량 필요한 조절소가 있다. 하루에 필요한 조절소는 3.5g 정도로 적고 구리(Cu)같은 경우 0.0006g이다. 정말 작은 양이다. 그 정도 미량으로 도대체 우리 몸에서 무슨 역할을 하겠는지 의문을 가질 수 있겠지만 구리의 원자량이 63.5이므로 0.0006g은 5.7×10^{19}개이고, 우리 몸의 37조개의 세포마다 150만개씩 제공이 가능한 양이다.

그럼 우리가 하루에 먹는 소금 5g에 포함된 소금 분자는 얼마나 될까? 염화나트륨은 58.44g 이면 6×10^{23}개 이므로 5g은 5×10^{22}개 이다. 이런 숫자는 체감이 잘 안 되는데 이 숫자를 한 줄로 줄 세워보면 그래도 체감이 쉽다. 염화나트륨 분자의 크기는 3.7mm(나노미터)이므로 270개를 이으면 1㎛가 되고, 270,000개를 이으면 1mm, 270,000,000개를 이으면 1m가 된다. 5×10^{22}를 이으면 1900억 km가

[표] 미네랄의 존재량과 요구량

원자	해수	식물	Na %	한국
CHO		130,000		
N 질소		10,000	-	-
S 황	905	300	-	-
K 칼륨	380	2,500	3500	4700
Na 나트륨	10770	(-)	2000	1500
Cl 염소	19500	30	2300	2300
Ca 칼슘	412	450	700	1200
P 인	0.06	600	700	700
Mg 마그네슘	129	800	360	420
B 붕소	4.4	20	-	-
I 아이오딘	0.06	-	0.15	0.15
Fe 철	0.000055	20	10	18
Zn 아연	0.0005	3	10	11
Mn 망간	0.0001	10	10	2.3
Cu 구리	0.0001	1	0.6	0.9
Mo 몰리브덴	0.01	0.01	0.025	0.045

된다. 지구 둘레가 4만 km 정도이니 5g의 소금을 한 줄로 이으면 지구를 500만번 가까이 감을 수 있는 엄청난 길이가 된다. 그래서 우리 몸 곳곳에서 그렇게 다양한 기능을 할 수 있는 것이다.

결국 우리가 먹는 미네랄과 비타민은 우리가 하루에 섭취하는 1.5kg의 음식 중에 극히 적은 양이지만, 숫자로는 엄청난 것이고, 그것은 소비되는 것이 아니고 계속 사용되며, 그중에 극히 일부 손상이 되거나 배출된 것만 보충하면 되기 때문에 그렇게 적은 양으로도 작동하는 것이다.

2) 가장 많은 미네랄 vs 가장 많이 필요한 미네랄

우리 몸에 가장 많은 미네랄은 칼슘이다

몸에 필요한 미네랄을 언제든지 구할 수 있다면 좋지만 모든 미네랄이 항상 주변에 있는 것은 아니다. 칼슘(Ca)은 있어도 흡수가 잘 안 되는 편이고, 인(P)은 생각보다 아주 귀한 미네랄이다. 그러니 이들은 있을 때 적당히 비축하여 두는 편이 유리하다. 그래서 동물이 뼈를 통해 가장 많이 비축하고 있는 미네랄이 칼슘과 인이다. 그렇다고 그것들이 우리 몸에서 가장 많은 기능을 하는 것은 아니다. 칼슘의 99%는 인과 결합하여 뼈의 상태로 가만히 보관된다. 칼슘의 1% 정도만 혈액에 녹아 있는데 실제 중요한 기능은 이 1%가 한다. 배 발생의 개시, 골

격근, 심근, 평활근 등의 수축, 신경세포 축색 중의 물질 수송, 원형질 유동, 세포의 변형운동, 미세섬유의 운동, 세포분열 등등에 관여한다. 칼슘이 없으면 생명현상 자체가 일어나지 않는다.

칼슘의 역할은 중요하지만 흡수가 쉽지 않으니 뼈의 형태로 비축하는 전략이라고 해석할 수도 있다. 사실 단단한 뼈 같은 것을 만들려면 꼭 칼슘이 필요한 것은 아니다. 킹크랩 같은 갑각류의 단단한 껍질은 칼슘 없이 포도당과 유사한 분자인 키틴으로 만들어진 것이고, 조개 껍데기는 칼슘(탄산칼슘)만으로 만들어진 것이고, 흑단나무 같이 단단한 나무도 포도당(셀룰로스)으로 만들어진 것이다.

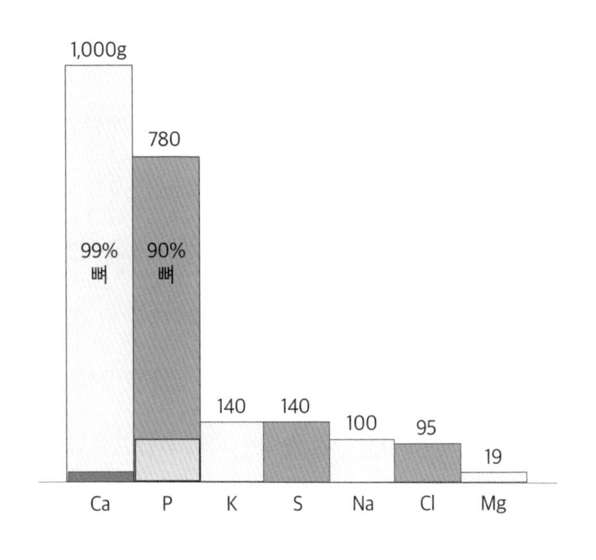

그림. 인체에 많은 미네랄

인간은 뼈 때문에 칼슘과 인이 압도적으로 많지만, 뼈가 없는 대장균 같은 세균을 보면 칼슘보다 훨씬 많이 존재하는 것이 칼륨(K)과 마그네슘(Mg)이다.

미네랄이 과다하면 위험하다

칼슘은 모든 신호의 종결자 역할을 하는 경우가 많다. 포유류에서 세포내부 칼슘 농도는 0.0002mM 이하고 세포 밖은 1.8mM로 9000배 이상 차이가 난다. 나트륨이 들어오고 칼슘이 쏟아져 들어와 신호가 만들어지면 재빨리 다시 세포 밖으로 칼슘펌프를 통해 칼슘을 퍼내야 한다. 이것이 이루어지지 않으면 카스파제(Caspase) 같은 내부

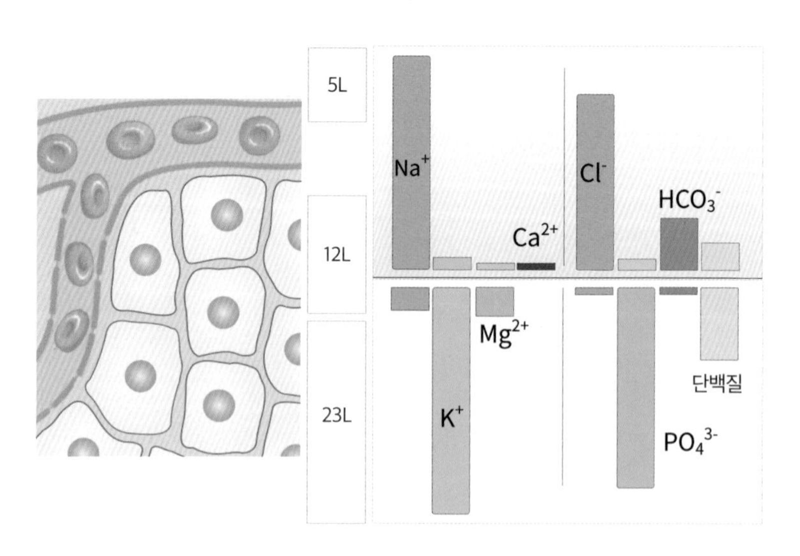

그림. 세포내액, 외액, 혈액의 비율과 미네랄 분포

분해 효소가 과도하게 활성화되어 치명적인 손상을 입게 된다. 효소가 생명의 활동에도 결정적인 역할을 하지만 죽음의 활동에도 결정적인 역할을 하는 것이다.

또한 칼슘은 다양한 결석의 원인이 되기도 한다. 몸 안에 돌덩어리가 생겨서 문제가 되는 것이 통풍, 담석, 요로결석 같은 것인데, 옥살산은 칼슘과 결합하여 요로 결석을 만들기도 한다. 옥살산은 좌우대칭으로 음전하의 산(acid) 구조를 2개를 가지고 있는데, 이것이 칼슘과 결합하면 칼슘–옥살산–칼슘–옥살산이 연달아 계속 결합하는 방식으로 큰 결정을 만드는 것이다. 칼슘은 이처럼 결정도 만들고 딱딱하고 경직되게도 만든다. 칼슘은 정말 날카로운 칼과 같아서 우리 몸 안의 조절기관들이 가장 조심히 다루는 미네랄이다.

마그네슘, 인, 칼륨은 세포 안에 많다

나트륨(Na), 칼슘(Ca)은 세포 밖에 많고, 세포 안에는 칼륨(K)과 마그네슘(Mg), 인(P)이 많은데, 묘하게 간수에도 마그네슘과 칼륨이 많다. 바닷물을 천천히 증발시키면 가장 먼저 탄산칼슘 같은 것이 결정화되고, 염화나트륨이 결정화 된다. 그리고 끝까지 결정화되지 않는 것을 간수라고 하는데, 간수의 성분 중에는 염화마그네슘 15~19%, 황산마그네슘 6~9%, 염화칼륨 2~4%, 염화나트륨 2~6% 등이 있다. 잘 결정화되지 않는 마그네슘과 칼륨이 우리 세포 안에 많이 있는 것이다.

마그네슘은 300여 종류의 효소의 작용에 필수적이다. 특히 인산염과 상호작용이 중요해 ATP를 사용하거나 합성하는 모든 효소와 DNA와 RNA를 합성하기 위한 효소 등의 촉매 작용을 위해 마그네슘 이온을 필요로 한다. ATP는 마그네슘과 결합한 상태인 경우가 많고, 식물은 광합성에 필수적인 엽록소도 마그네슘이 필수적이다. 성인의 체내에는 22~ 26g의 마그네슘이 있는데 절반 넘게 뼈에 보관되어 있고(60%), 세포 안에 39%, 혈액에 1%가 있다.

칼륨은 세포 안에서 삼투압과 수분평형을 유지하는 기능을 한다. 칼륨은 주로 세포 안에 있고, 혈관에는 상대적으로 소량만 있으므로 콩팥을 통해 배출되는 양이 적다. 근데 오히려 칼륨의 권장 섭취량이 많은 것은 혈액의 나트륨은 99%가 재흡수 되는데, 칼륨은 배출된 칼륨의 70~80% 정도만 재흡수되고 나머지는 소변으로 배출되기 때문이다. 칼륨의 결핍증은 건강한 사람에서는 거의 없다. 채소류 등에 워낙 많이 함유되어 있기 때문이다. 다만, 심한 설사나 장기간 굶주렸을 때, 이뇨제 복용 시 칼륨 결핍이 일어날 수 있는데, 이때는 식욕감퇴, 근육경련, 불규칙한 심장박동 등의 증상을 보인다.

나트륨은 혈액에 많다

우리 몸에서 칼륨과 마그네슘의 고갈 위험성은 나트륨이나 염소보다 훨씬 낮다. 이들은 혈액보다 세포안에 훨씬 많기 때문이다 우리 몸의 체액은 세포내액(ICF)와 세포외액(ECF)으로 나뉜다. 세포내액이 25

리터이고 세포외액이 15리터이다. 그리고 혈액은 5리터인데 2리터는 적혈구 내에 있고, 3리터는 혈장에 있다. 혈액(혈장)의 미네랄 성분이 우리 몸을 이루는 세포안의 성분과 같다면 관리하기 편할 텐데, 혈액의 조성과 세포안의 조성은 완전히 다르다.

동물의 혈액의 조성은 바닷물과 비슷하고, 세포 안의 미네랄의 조성은 식물과 닮았다. 더구나 혈액의 주성분인 나트륨과 염소는 따로 비축된 것도 거의 없어서 대량 유실되면 금방 치명적인 위험에 노출될 수밖에 없다. 병원에서 쓰는 포도당 주사는 포도당 5~10%, 식염이 0.9% 정도이다. 우리 몸에 가장 긴급한 영양분이 물, 포도당, 식염수이기 때문이다.

칼륨 vs 나트륨, 감자를 먹을 때 소금에 찍어먹는 이유

지금은 나트륨 과잉이 문제라고 칼륨을 권장하지만, 칼륨이 나트륨보다 안전한 것도 아니다. 곡류와 채소 등의 식물은 칼륨은 풍부하지만 나트륨은 별로 없다. 그래서 초식동물이나 곡류와 채식 위주로 식사를 하는 사람은 칼륨은 과잉이고 나트륨은 부족하기 쉽다. 지금은 나트륨 과잉이 문제지만 과거에는 반대로 칼륨 과잉이고 나트륨이 부족한 것이 오히려 문제였던 것이다. 지나친 칼륨은 손발 저림과 근육마비 뿐 아니라 부정맥과 심장마비를 일으킬 수 있다.

과거에 채식 문화권에 사는 사람이 육식 문화권보다 항상 나트륨이 부족했다. 옛날에 초근목피로 연명하는 경우에는 혈중 칼륨 함량이 너무 많아 부정맥으로 사망하는 경우가 많았다. 칼륨이 많은 찐 감자를 먹을 때는 전해질 균형을 맞추기 위해서라도 일부러 소금을 찍어 먹을 필요가 있었다.

우리나라는 18세기 말과 19세기 초에는 거의 매년 기근이 들었다. 그리고 당시 구황식품으로 쌀보다 급박한 것이 소금이었다. 소금이 있으면 들판의 억센 초목을 절여 먹을 수 있었다. 〈중종실록〉을 보면, 함경도의 기근을 조사한 관리의 보고서에 이런 구절이 있다고 한다. "소금이 가장 긴요하다. 곡물이 없더라도 채소에 섞어 먹으면 명을 이을 수 있다."는 것이다. 소금은 작은 양으로도 많은 백성을 살릴 수 있었고, 굶주리는 백성이 생기면 나라에서 무엇보다 소금을 챙겨야 했다.

3) 칼륨과 나트륨, 삼투압이 있어야 물을 지킬 수 있다

삼투압을 만들기에 유용한 성분이 미네랄이다

우리가 바닷물을 마시지 못하는 것은 삼투압 때문이다. 바닷물의 삼투압이 체액의 삼투압보다 높아서 수분이 빠져나간다. 그런데 우리 몸에 소금이 필요한 결정적인 이유도 삼투압이다. 적절한 삼투압을 가져야 민물을 흡수할 수 있고, 그래야 적절한 혈액량을 유지할 수 있다. 소금의 과잉 섭취가 문제가 되는 것은 혈액의 소금이 주변의 수

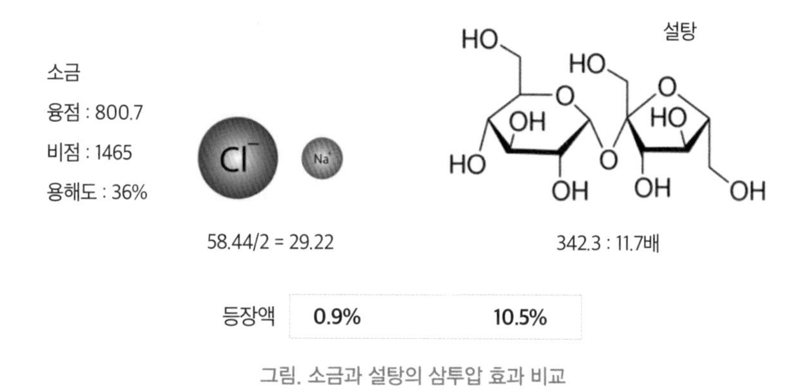

그림. 소금과 설탕의 삼투압 효과 비교

분을 빨아들여 혈압(삼투압)을 높이기 때문이지만 한편 물을 아무리 많이 마셔봐야 삼투압이 없으면 물이 몸 안으로 흡수되지 않는다. 생명은 물이 지배하고 물은 삼투압이 지배한다. 그러니 소금을 통해 적당한 삼투압을 유지하는 것이 생명의 기본조건인 셈이다

삼투압은 물에 녹아 있는 용질 무게가 아니라 숫자에 비례한다. 설탕은 분자량이 342인데 비해, 소금은 분자량이 58로 1/6 수준이다. 더구나 소금은 물에서 나트륨과 염소 2개로 해리되어 무게가 반으로 줄어든 효과가 있다. 같은 무게의 소금이라면 설탕보다 입자의 수가 12배나 많다. 그러니 소금이 설탕보다 같은 무게일 때 끓는점, 어는점, 삼투압 등에 미치는 효과가 12배가 된다. 소금 같은 미네랄이 일반적인 유기물보다 삼투압 등에 훨씬 효과적인 것이다. 우리보다는 바다에 사는 생선들이 삼투압에 견디는 물질이 훨씬 필요한데, 이때

사용되는 물질들이 미네랄과 아주 작은 크기의 유기물들이다.

흙에는 칼륨과 나트륨이 비슷한데 식물은 왜 칼륨만 이용할까

삼투압을 관리하기 위해 미네랄을 쓸 때는 나트륨, 칼륨 같은 1가 이온이 유리하다. 마그네슘과 칼슘 같은 2가 이온은 단백질이나 다른 유기물과 결합하여 물성이나 기능을 바꾸는 경우가 많기 때문이다.

우리 몸에는 균형이 정말 중요하여 양이온의 양만큼 음이온이 필요한데, 음이온은 주로 염소이온(Cl^-)가 그 역할을 하는데 염소의 양이 양이온의 합보다 작은 것은 호흡의 결과로 만들어지는 이산화탄소(탄산염. HCO_3^-)가 혈액에 녹아 음이온을 보충하기 때문이다

이온은 극성이 있어서 비극성인 세포막을 통과하지 못한다. 그러니 이온이 작동하려면 각각의 이온에 적합한 이온 통로가 있어야 한다. 세포막에 존재하는 이온통로는 보통 길이가 1.2나노미터이고 통로 너비가 0.6나노미터 전후인데 이온들은 그런 채널의 중심을 일렬로 초당 1억 개라는 엄청난 속도로 이동한다. 더구나 이런 통로는 반드시 대단히 선택적이어야 한다. 그렇지 않으면 칼륨 통로에 나트륨이나 칼슘이 마구 지나가는 대혼란이 발생한다.

나트륨과 칼륨은 같은 1가 양이온으로 특성이 비슷하고 크기만 나트륨이 칼륨보다 작다. 나트륨 통로에 크기가 큰 칼륨이 통과하지 못하는 것은 이해가 쉬운데, 크기가 큰 칼륨 통로를 작은 나트륨이 통과

를 못하는 것은 이해하기 쉽지 않은 현상이다. 1998년 로데릭 맥키논 교수는 박테리아(Stereptomyces lividans)의 연구를 통해 그 원리를 밝혔다. 통로를 들어가기 전 이온들은 물 분자에 둘러싸여 있는데, 통로를 통과하려면 물 분자가 떨어져 나간다. 그러면 칼륨은 통로에 크기가 딱 맞아서 4개의 산소분자의 중앙을 자기열차가 부상하여 미끄러지듯이 매끄럽게 흘러나간다. 그런데 나트륨은 크기가 작아 4개의 산소가 정중앙에 위치하도록 균형있게 당기지 못하고 한쪽에 치우친다. 그래서 어느 한 쪽의 산소와 결합하여 나트륨이 움직이지 못한다. 각각의 이온채널은 이처럼 정교하게 설계가 되어 크기와 특성이 딱 맞는 이온만 통과가 가능한 것이다. 이것을 밝힌 공로로 맥키논 교수는 2003년 물 통로를 밝힌 피터 아그레와 함께 노벨화학상을 받았다.

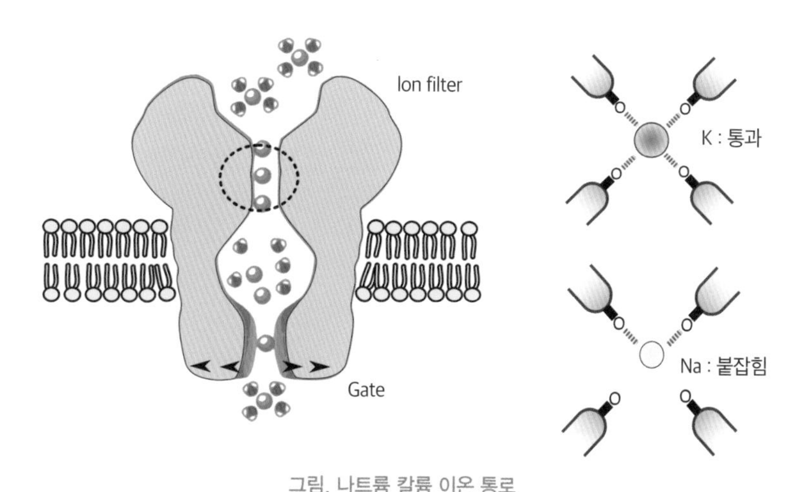

그림. 나트륨 칼륨 이온 통로

3장

소금이 생존에 필수적인 이유

1. 삼투압, 소금으로 물의 양을 조절한다
2. 전위차, 소금이 있어야 신경전달이 가능하다
3. 나트륨은 어느 정도가 적절한가
4. 식품에서 소금의 다양한 기능

동물은 소금이 많이 필요하지만 식물은 필요 없는 게
나트륨(Na)과 염소(Cl)이다. 식물은 칼륨이 나트륨을 대신하는데,
식물만 먹고 사는 초식동물은 항상 나트륨이 부족할 수밖에 없다.
나트륨 확보에 사력을 다하고,
흡수한 나트륨은 몸 밖으로 배출되는 것을 막기 위해 또 사력을 다한다.

사진은 소금 절벽에서 나트륨을 섭취하고 있는 산양. 출처_shutterstock

삼투압,
소금으로 물의 양을 조절한다

1) 생명체가 살아가는데 가장 기본이 되는 것이 물이다

갈수록 날씨의 양극화는 심해지고, 가뭄으로 고통을 받는 경우가 늘고 있다. 비가오지 않으면 육지뿐 아니라 섬사람도 고통을 받는다. 섬 주변은 온통 물인데 그 물은 마실 수도 없고, 농사를 지을 수도 없다. 세계 인구의 3분의 1이 물 부족으로 고통 받고 있는데, 지구에 가장 흔한 자원이 물이기도 하다. 지구 표면의 70% 이상이 바다이고, 지구 전체를 2,700m 깊이로 덮을 수 있는 양이다. 우리가 물 부족에 시달리는 것은 물의 97.4%가 소금을 함유한 바닷물이기 때문이다.

예전에는 바다 이야기 중 난파선과 조난의 이야기도 많았고, 조난

사고를 묘사하는 장면 중에서 가장 안타까운 것이 사방이 오직 물밖에 안 보이는데, 마실 물이 없어서 타는 갈증으로 고통을 받는 장면이다. 지금도 섬 주민은 물 한가운데서 살지만 오랫동안 비가 오지 않으면 육지 못지않게 물 부족 때문에 고생을 한다. 생명체가 쉽게 활용할 수 있는 민물은 2.6%가 있지만 빙하 등을 제외하고 실제로 우리가 쓸 수 있는 강물, 지하수, 호수의 물은 고작 0.007%에 불과하다.

삼투압 : 지구 물의 97%는 소금물이다

우리 몸은 몸에 수분이 1%만 부족한 것도 정확하게 느낀다. 그 증거로 70kg 체중인 사람은 60%인 42kg의 물인데 그것의 1%인 420g이 부족하면 갈증을 느끼고, 2%인 840g의 물이 부족하면 심한 갈증을 느끼는 것에서 알 수 있다. 거꾸로 심한 갈증도 2%인 840g의 물을 마시면 해결이 된다.

뇌의 시상하부에 존재하는 갈증뉴런이 몸의 수분 상태를 예상해 갈증 반응을 조절한다. 목마른 생쥐에게 물을 마음대로 마시게 하면 1분 이내에 이 갈증뉴런이 잠잠해진다. 갈증뉴런은 몸의 갈증이 해소된 시점이 아니라 물을 마시기 시작할 때나 유사한 자극이 있으면 미리 꺼지는 것이다. 실제 몸의 갈증이 해소되려면 수십 분이 걸릴 텐데 그때까지 물을 계속마시면 큰 탈이 날 것이라 갈증해소를 예측하여 미리 끄는 기능을 만든 것이다.

이런 장치의 허점을 이용해 우리 몸을 잠시 속일 수는 있다. 레몬을 떠올려서 침이 돌게 해도 잠시 갈증이 해소되고, 입안에 침을 만들어 삼켜도 잠시 해소된다. 작은 얼음조각이나 차가운 금속 막대를 물고 있어도 갈증은 일시적으로 사라진다. 하지만 진짜 갈증을 물 말고는 다른 것으로 오래 속일 수는 없다. 소금물의 경우 마신 직후에는 갈증 뉴런의 스위치가 꺼지지만 1분만 지나도 다시 켜진다.

내가 〈맛의 원리〉 등의 책에서 우리 입과 혀는 잠시 속일 수 있지만

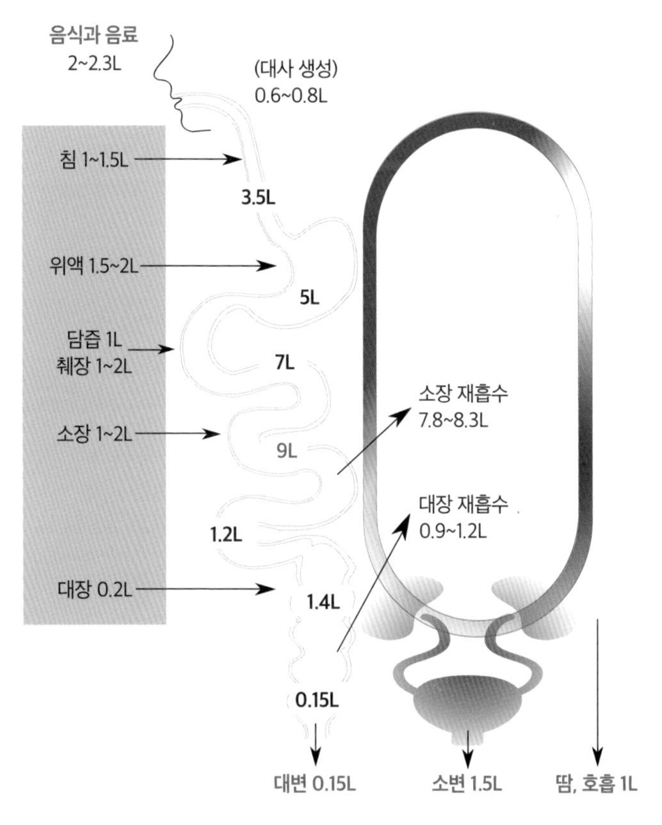

그림. 몸에서 수분의 이동

장(Gut)으로 느끼는 칼로리를 속일 수 없어 다이어트 식품이 성공할 수 없다고 하였지만 갈증은 이보다 훨씬 심하다.

바다에 난파되어 아무 것도 모르면 바닷물을 한번 마실 수는 있다. 하지만 이내 찾아오는 고통 때문에 두 번 다시 마시려고 하지 못한다. 바닷물을 마시면 오히려 갈증이 심해진다고 학교에서 배우지 않아도 우리 몸이 소금물은 먹어서는 안 된다는 것을 바로 배우게 되는 것이다.

소금 때문에 바닷물을 마시지 못하지만, 한편 물 때문에 소금을 먹어야 한다. 혈액에 적절한 소금 함량이 있어야 적절한 삼투압을 가져 물을 흡수하여 적절한 체액량과 혈액량을 유지할 수 있고, 혈압도 유지할 수 있다. 우리 몸의 혈액은 염도 0.9% 정도의 삼투압을 가지고 있어서 맹물(염도 0%)을 몸 안으로 흡수 할 수 있다. 반대로 바닷물은 체액보다 삼투압이 3배 이상 높아 물이 빠져나가는 것이다.

소금의 과잉 섭취가 문제가 되는 것도 결국에는 이 삼투압 때문이다. 혈액양이 증가해 혈압이 상승한다. 결국 과잉 섭취가 문제이지 소금 자체의 문제는 아닌 것이다. 혈액에 소금이 없으면, 물을 아무리 마셔도 흡수가 되지 않으니 아무 소용이 없는 것이다.

삼투압 : 생명의 바탕은 물이고 물의 통제를 이온으로 한다

물은 삼투압의 조절에 의해 이동 방향이 결정된다. 음식이 소장에서 대장으로 운반될 때는 엄청나게 많은 물이 포함되어 있다. 음식물에 원래 포함되었던 물도 있지만 내 몸에서 나온 물이 더 많다. 췌장의 효소, 점액, 담즙산 등이 모두 수용액 상태로 몸에서 나오기 때문이다. 하루에 음식을 통해 섭취하는 물이 2리터라면 내 몸에서 분비되는 물이 7리터 정도라 매일 약 9리터 정도의 물이 장으로 간다. 만약 그렇게 많은 물이 그대로 배출되면 치명적이 될 수밖에 없다. 물은 대장에서 대부분 재흡수되어 대변을 통해 배출되는 양은 겨우 0.1리터 정도다.

체중이 70kg인 사람에 42kg이 물이 있다면 물은 18g이 6×10^{23}개이므로 42kg의 물은 1.4×10^{27}개의 분자이다. 우리 몸의 30조 개 세포를 각각 500조개 씩 채울 수 있는 양이다. 이런 물은 아무런 곳이나 통

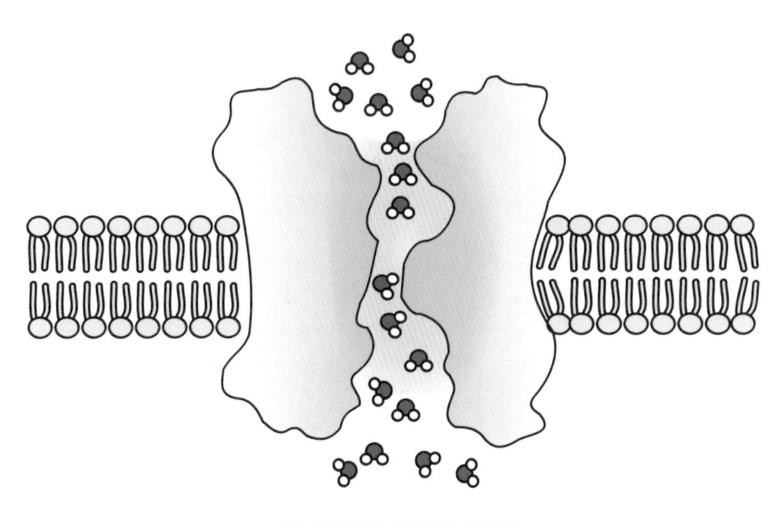

그림. 세포막에 존재하는 물통로

과하지 않는다. 세포막에는 물 전용 통로(Aquaporin)가 있어서 그곳을 통해 출입한다.

물이 이런 통로를 통해 세포 안으로 들어올지 밖으로 나갈지를 결정하는 것이 삼투압이다. 만약에 우리 몸에 물의 이송펌프가 있다면 소금물을 마셔도 농도차를 거슬러 강제로 물을 흡수할 수 있을 것이다. 하지만 그런 장치가 없고 나트륨이나 칼륨 등의 이온을 이송하는 펌프만 있다. 이온들 통해 삼투압을 조절하고 그렇게 조절된 삼투압을 통해 물의 출입을 조절하는 것이다. 삼투압의 의미를 보여주는 간단한 실험이 적혈구 실험인데, 소금기가 전혀 없는 물속에 적혈구를 넣

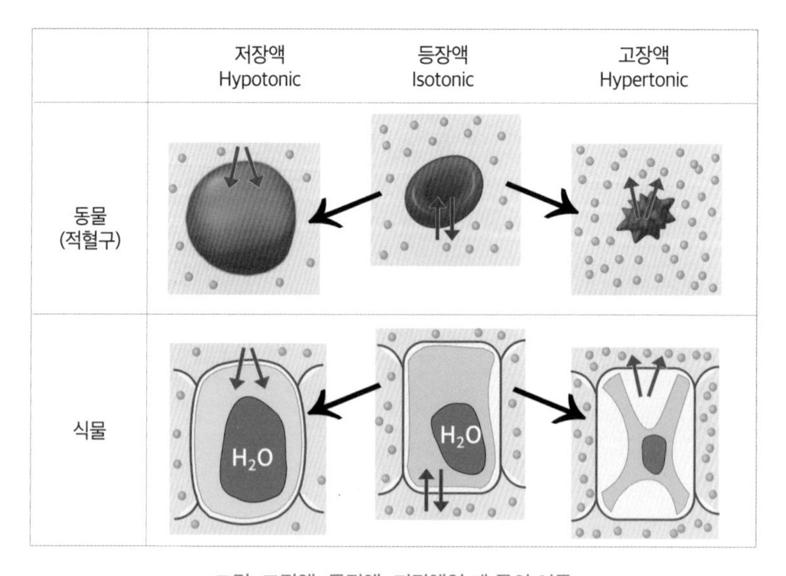

그림. 고장액, 등장액, 저장액일 때 물의 이동

으면 적혈구가 팽팽해졌다가 터져버린다. 적혈구에 삼투압이 높아서 아쿠아포린을 통해 물을 계속 흡수하는 것이다. 반대로 적혈구를 고농도의 소금물에 넣으면 적혈구안의 수분이 밖으로 빠져나와 적혈구가 쪼그라져 들게 된다.

이런 물의 재흡수에도 나트륨 같은 이온들이 결정적 역할을 한다. 내 몸에서 장으로 이온들이 투입되면 물도 따라서 장으로 들어가고, 장에서 이온들을 회수하면 물도 따라서 장에서 회수된다. 많은 에너지를 사용해 이온을 내 보내고 또 재흡수하면서 물의 흐름을 조절하는 것이다. 만약 대장에서 흡수되지 않는 마그네슘 같은 것을 대량으로 먹으면, 대장의 물이 흡수되지 않아 설사약으로 작용한다. 이처럼 우리 몸은 소금을 통해 물을 통제하고, 소금의 99% 재흡수하여 사용하므로 소모율은 매우 낮은 것이지 만약에 소금이 한번 쓰면 사라지는 소모성의 원료였다면 그 사용량을 도저히 감당할 수 없을 것이다.

생리식염수나 국물의 소금농도가 0.9%인 이유

우리나라는 온갖 국물 요리가 발전했다. 여러 이유가 있을 수 있는데, 온돌 문화가 발전하여 오래 음식을 끓이기 좋은 장점도 있었고, 춥고 식량생산이 힘든 지역에서는 따뜻하게 해주고, 포만감도 높이는 역할도 했다. 국물 형태의 음식은 적은 식재료로도 많은 양의 음식을 만들 수 있게 해주기 때문이다. 더구나 체온 유지에도 많은 칼로리(음식)가 소비되는데 추운 지역에서 뜨거운 국물은 확실히 큰 위안이 된다. 한국인이 좋아하는 쌀밥은 끈기가 많아서 뜨끈하고 짭짤한 국물이 아주 잘 어울린다. 과거에는 국 없으면 밥을 못 먹는다는 사람도 꽤 있는데 국 없으면 물에라도 말아먹곤 했다.

국물 요리는 그렇게 다양하지만 소금농도는 1% 이하라는 공통성이 있다. 여름에는 일시적으로 1%를 넘기는 경우는 있지만, 보통 마시는 수준의 양이 많은 국물은 항상 1% 이하가 대부분이다. 소금농도가 0.9%가 넘으면 삼투압으로 물이 오히려 몸에서 빠져나가 갈증을 유발하기 때문이다. 음식을 먹고 난 뒤에 갈증이 나면 별로 좋은 음식이 아닌 셈이다.

병원에서 사용하는 생리식염수(saline solution)는 인간의 체액을 0.9% NaCl(염화나트륨) 용액으로 가정하여 제조한 것이다. 그래야 혈관 내에 직접 주사해도 삼투압의 변화를 일으키지 않고, 쇼크 등의 증세가 나타나지 않는다. 그런데 0.9% NaCl의 삼투농도는 308mOsm/L로 체내 삼투압인 290mOsm/L 보다 약간 높다. 그래서 세포내의 물이 세포 외액으로 일부가 이동하지만 금방 해소가 된다.

설탕 용액은 10%, 포도당 용액은 5%가 소금 0.9%와 같은 삼투압인데 10%의 포도당액을 사용해도 큰 문제가 없는 것은 포도당은 대사작용으로 세포 안으로 흡수되어 소비되므로 삼투압 문제는 이내 해결되기 때문이다. 이처럼 삼투압은 음식의 기본 간을 결정할 정도로 절대적이다.

고농도의 소금물에 미생물이 살기 힘든 것은 소금물이 탈수를 유발시켜 세균의 원형질 분리를 유발하며, 수분활성도를 낮추기 때문이다. 고농도의 소금에 절이는 방식인 염장은 소금의 이런 삼투작용을 이용한 저장법이다. 고농도의 소금물을 써야지 살균력이 있기 때문에 과거 냉장고가 없었던 시절에 생선 등을 절일 때는 바로 먹기가 불가능할 정도로 고농도의 소금을 사용했다. 물론 염장을 하더라도 염분에 저항성을 가진 미생물 및 아포를 형성하는 세균 등이 살아남을 수 있지만, 이러한 세균은 인체에 유해할 가능성이 낮고, 발효를 통해 유익한 작용을 하는 경우가 많다.

바다 뱀 이야기

바다에 사는 동물은 모두 바닷물에 적응해 마음껏 바닷물을 마실 수 있을 것처럼 생각되지만 그것은 사실이 아니다. 바다에 살려면 충분한 소금 배출능력을 갖추어야 한다. 육지에서 살다가 다시 바다로 삶터를 옮겨 성공적으로 정착한 고래, 물범, 바다거북이는 그런 능력을 갖추고 있다. 하지만 평생 바다에 살면서도 바닷물을 전혀 마시지 못하는 동물도 있다. 바다뱀(학명 Hydrophis platurus)은 바닷물을 전혀 마시지 못하고 폭우로 바다 표면에서 형성되는 물주머니가 형성되면 오직 그것을 마시며 버틴다고 한다. "어디를 봐도 물이지만, 마실 물은 한 방울도 없구나!" 망망대해에서 표류하던 선원은 이렇게 탄식했다지만, 바다뱀은 평생 바다에서 그런 삶을 사는 것이다.

1974년 바다뱀(Hydrophis platurus)의 소금 배출기관이 미미하여 제

구실을 못 한다는 것이 밝혀졌다. 그런데도 어떻게 바다에서 살 수 있는지가 수수께끼였다. 그 비밀을 하비 릴리화이트 미국 플로리다대 교수가 풀었는데 엉뚱하게 그냥 바닷물을 마시지 않고 버틴다는 것이다. 바다뱀 500마리를 분석한 결과 바다뱀은 건기 동안 몸 전체 수분의 80%가량을 잃고 비쩍 마른 상태를 유지했다. 1년에 6~7달을 탈수 상태로 버티는 것이다. 그러다 우기가 오면 수분을 많이 흡수하여 체중을 회복했다. 우기 때 큰비가 지속되면 바다 표면에 렌즈 모양의 담수 덩어리가 형성되는데, 바다뱀은 이곳에서 담수를 마시는 것으로 추정된다는 것이다. 비가 오더라도 충분히 많이 내려야 담수 렌즈가 형성된다. 그러니 바다뱀이 충분히 물을 마시는 시기는 정말 제한적인 것이다. 탈수 상태에서도 버티는 능력을 확보해 무한 버티기로 살아가는 것이다.

물의 양은 삼투압으로 조절한다

인간이나 식물처럼 육지에 사는 생물이 바닷물을 마시지 못하는 것은 소금의 배출 능력이 없기 때문이다. 그런데 고래는 원래 육지 동물이었다. 사슴이나 하마와 같이 발굽을 가진 포유류였는데 신생대 초기에 시작하여 약 800만 년 만의 세월을 거쳐 완벽하게 수생동물로 변환하였다. 물속에 살기 위해 귀가 변하고, 눈의 위치가 변하고, 수영법을 익혔다. 이 중에서 가장 중요한 변화는 바다에 살기 위해서 소금을 몸 밖으로 배출하는 능력을 갖추는 것이었다. 새나 악어는 눈 근처에 소금 배출 샘이 있으나, 포유류는 그런 기관이 없는데 고래는 콩팥의 구조 변경을 통해 그걸 해낸 것이다. 그래서 무중력의 바닷물 속에서 살면서 지구 역사상 가장 큰 몸집을 가진 생명체가 되었다.

바닷물에 사는 어류 또한 과잉의 염류를 배출해야 하는데, 아가미의 상피세포를 통해 배출 한다. 바다에 사는 이구아나, 바다거북, 악어, 바다뱀 등 파충류는 머리에 있는 두선(cranial gland)을 통해 소금을 배출하고, 바다에 사는 새들은 눈 밑 부리 위에 염류선(salt gland)을 통해 과잉의 염분을 배출한다. 갈매기가 많이 머무는 섬의 바닷가 바위 위에 흰 자국이 많이 있는 것은 갈매기의 변이 아니라, 이들이 배출한 소금물이 말라붙은 것이다. 이처럼 모든 동물은 소금의 재흡수나 배출 기작을 가지고 있고, 체내에 소금량을 일정하게 유지하기 위해 사력을 다한다.

경골어류의 염분 대응전략

물은 염분 농도에 따라서 담수(염분 0.05 이하), 기수(0.95~0.17), 해수(0.35)로 나눌 수 있다. 대부분의 해수어와 담수어는 협염성어류(Stenohaline fish)로 좁은 범위의 소금농도에서 산다. 넓은 범위의 소금농도에서도 살 수 있는 광염성어류(Euryhaline fish)는 많지 않다. 회유성 물고기인 연어는 민물에서 태어나 커서는 바다에서 살다가 다시 민물에 돌아와 번식을 한다. 장어는 반대로 바다에서 태어나 민물에서 살다가 다시 바다로 가서 번식을 한다. 이때 중요한 것이 삼투압을 조절하는 능력이다.

생명체들이 바닷물에 적응하는 것은 2가지 방식이 있는데 삼투고정형(Osmoconformers)과 삼투조절형(Osmoregulation)이다. 대부분의 무척추 동물은 몸 안에 삼투압을 바닷물의 농도와 맞추어 적응하여 산다. 그렇다면 바다 생물은 모두 바닷물의 삼투압과 동일한 삼투압으로 사는 것이 훨씬 유리할 것 같은데 생선(경골어류), 포유류, 조류, 파충류는 혈액의 이온농도를 저삼투압 상태로 일정하게 유지하면서 살고, 이처럼 삼투압을 일정하게 유지하는데 5~30%의 에너지를 소비한다. 그런 방식의 삶을 선택한 분명한 이유가 있을 것이다.

담수어 : 물 0 vs 체액 1.4 체액의 삼투압이 높고, 물의 삼투압이 낮다. 몸의 소금이 빠져나가고 물이 과도하게 흡수되려한다. 물의 섭취를 최대한 줄여야 한다. 아가미를 통해 소금을 흡수하고 저 농도의 소변을 배출한다.

해수어 : 해수 3.4 vs 체액 1.4 체액의 삼투압이 낮고, 물의 삼투압이 높다. 몸의 물이 빠져나가고 소금이 과도하게 흡수되려한다. 아가미를 통해 소금을 배출하고 고농도의 소변을 배출한다.

염분의 분포가 적은 곳에 사는 담수어의 체액은 환경수보다 염분이 많기 때문에 물이 끊임없이 아가미, 소화관, 표피의 얇은 부분 등을 통하여 체내로 침투하게 된다. 그러나 체내에 수분이 너무 많아지면

죽을 수도 있으므로, 담수어는 물을 마시지 않고 오히려 배출하려고 애를 쓴다. 물을 배수펌프인 신장을 통해 묽은 오줌의 형태로 배출하여 체내의 수분이 조절한다. 한편 나트륨 등의 이온은 신장이나 방광의 조직상피에서 재흡수하거나 먹이 중에 포함된 염류를 흡수하여 보충한다.

한편 염분 농도가 높은 바닷물에서 사는 해수어는 정반대의 상황이 벌어진다. 혈액의 삼투압이 낮아, 수분이 아가미 등을 통하여 체외로 유출되므로 탈수위험에 노출된다. 수분을 지키고 과잉으로 들어온 나트륨 등의 이온을 아가미 부위 등에 배열된 염류세포를 통해 꾸준히 배출해야 한다. 그리고 오줌 량은 극소량으로 억제하여 체내의 수분을 빼앗기지 않으려고 한다.

생선 비린내도 알고 보면 삼투압에 대응하느라 만든 물질 때문

바다에 사는 생물이 삼투압에 대응하는 전략 때문에 생긴 냄새 현상도 있다. 신선한 생선은 향이 별로 없다. 그런데 생선을 상온에 보관하면 금방 비린내가 나기 시작한다. 비린내는 주로 트리메틸옥사이드(TMA) 때문인데, 생선의 몸에 산화형(TMAO, 트리메틸아민옥사이드)으로 보관되었던 것이 죽은 뒤 다시 TMA로 변하면서 비린내가 나기 시작한다. TMA는 세포막 성분 등이 분해되면서 소량씩 만들어지는데, 생선은 그 분자를 배출하지 않고 산화형(TMAO)으로 만들어 체내에 보관한다. TMAO가 바닷물의 삼투압으로부터 수분을 빼앗기는 것을 막고, 수압에 의해 단백질이 변성되는 것을 막아주기 때문이다.

사실 TMAO와 TMA 두 분자는 모양이나 크기에 큰 차이는 없다. 단지 산소하나의 결합만 다르다. 그러니 둘 다 비린내가 나거나 둘 다 냄새가 없는 것이 훨씬 자연스러운 일인데 유독TMA만 강한 비린내가 난다. 그렇게 하는 것이 우리의 생존에 훨씬 도움이 되기 때문이다.

생선은 육고기보다 육질이 훨씬 약하고, 세균 등이 많아 상하기 쉽다. 그러니 항상 먹을 것이 부족했던 과거에 상한 생선을 구분하는 능력은 생존에 결정적인 요인이었다. 생선의 부패 속도보다 빠른 것이 TMAO가 TMA로 분해되는 속도다. 사실 TMA는 우리 몸에서도 만들어지고 장내 세균에 의해서도 만들어져 혈액으로 흡수되는 해롭지 않은 성분이다. 그럼에도 불쾌한 강한 비린내로 느끼는 것은 그것을 통해 부패한 생선을 피하는 것이 생존에 중요했기 때문이다. 생선이 살

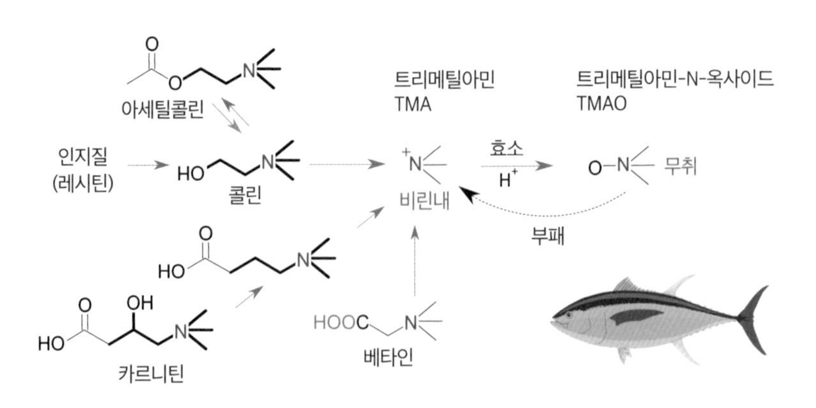

그림. 생선에 TMAO의 축적과 비린내의 생성

아있을 때는 애써 TMA를 TMAO로 전환하기 때문에 TMA는 없고 TMAO만 많은 상태인데, 만약 TMAO를 강한 비린내로 느낀다면 살아 있는 생선에서 강한 비린내를 느낄 것이니 생존에 아무런 도움이 안 될 것이고, 죽은 생선에서 공통적으로 증가하는 TMA 대신 생선마다 다른 특정한 물질로 비린내를 느낀다면 그만큼 많은 수용체가 필요하여 효율성이 떨어질 것이고, 부패가 상당히 진행된 후에 만들어지는 물질로 비린내를 느낀다면 그것 또한 의미가 없을 것이다.

사실 분자 자체에는 어떠한 맛도 향도 없다. 결국 비린내는 생선이 저절로 내는 냄새가 아니라, 우리가 애써 그렇게 감각하는 현상이다. 정말 놀라운 진화의 산물이자 발명품인 것이다. TMA가 한 번 더 분해되면 암모니아 냄새가 나는 디메틸아민(DMA)으로 바뀌는데, 이들은 알칼리성이라 레몬즙이나, 식초 같은 산성 물질과 만나면 용해도가 증가하고, 휘발성은 현저하게 줄어들게 하고, 비린내가 약해진다.

사람의 경우에도 아주 드물게 트리메틸아민뇨증이 있다. 체내에서 만들어지는 TMA의 처리 능력이 결핍되어 소변이나 땀, 입 등의 기관에서 생선비린내가 발생하는 유전질환이다. 생선 냄새 악취 증후군으로도 불린다. 고기 등 단백질이 들어있는 음식을 먹게 되면 콜린과 카르니틴이 흡수되며, 이는 장내 세균에 의해 TMA로 변한다. 정상적인 인체는 효소(flavin containing monooxygenase 3)에 의해 TMAO로 전환되어 배출된다. 그러나 효소에 문제가 생기면 이런 작용이 일어나지 않아 체내에 TMA가 축적되기 때문에 몸에서 비린내가 나게 된다. 안타까운 것은 아직 근본적인 치료법은 없다는 것이다. 음식을 가려먹거나 항생제를 짧게 사용하여 TMA를 생산하는 장내 세균을 줄이거나 약산성 비누(pH 5.5–6.5 정도)로 몸을 씻는 것 등의 대증요법이 있을 뿐이다. 그래서 환자는 효소의 결핍으로 만들어진 비린내 때문에 사회적, 심리적으로 심한 고통을 받게 된다.

홍어 등 연골어류의 쏘는 듯한 암모니아도 염분 대응전략

상어, 가오리, 홍어 등의 연골어류는 경골어류와 다른 방식으로 살아간다. TMAO보다는 고농도의 요소(Urea)를 비축한다. 그래서 삭히면 지독한 암모니아 냄새가 난다. 홍어는 처음 접해보면 정말 도저히 손이 가지 않는 지독한 냄새다. 삼투압을 위해 많은 양이 비축되어 있던 요소가 암모니아로 분해되었기 때문이다. 하지만 그것 때문에 오히려 중독이 된 홍어 매니아도 많다. 삭힌 홍어의 냄새는 굉장히 강한 염기성이며 가까이에서 냄새를 맡으면 코의 깊숙한 곳을 찌르듯이 자극한다.

연골어류 중에는 일부 매우 폭넓은 염도에 적응하는 종도 있다. 그래서 연골어류 중에 43종이 담수에서 발견되기도 한다. 이 중에서 유명한 것이 불샤크(Bull shark, Carcharhinus leucas)다. 불샤크는 요소를 몸 밖으로 버릴 수 있는 신장 기능이 개발되었다. 그리고 다른 몇 가지 내장 기관도 담수에서도 살아 갈 수 있도록 적응이 되어있다. 하지만 넓은 염수범위에서 살아가는 능력은 쉽게 얻어지는 것이 아니다.

불샤크의 새끼들과 젊은 개체들은 담수나 기수에서만 발견되고, 바다 쪽까지 사는 것은 나이 먹은 개체만 가능하다. 새끼들은 해수에 삼투 작용을 이겨낼 수 있는 능력이 없는 것이다. 바다는 먹이가 풍부하지만 그 만큼 새끼들이 잡아먹힐 가능성이 높다. 그래서 불샤크는 담수로 올라가 새끼는 낳고, 나이가 들어가면서 해수에 적응력을 키우면

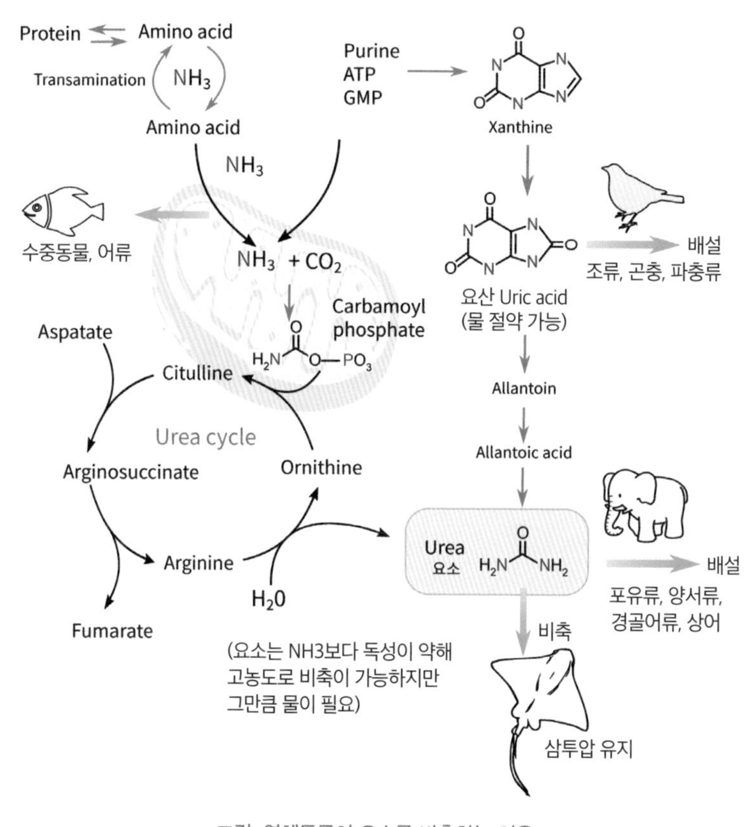

그림. 연체동물이 요소를 비축하는 이유

서 서서히 하구로 내려온다.

바다의 주 냄새도, 염분 대응전략에서 만들어진 것

바다 냄새가 무슨 냄새일까? 항구에 가면 잡힌 생선들에서 나는 비린내가 많지만, 사람이 없는 바닷가에도 민물과 다른 특유의 냄새가 있다. 바닷물에 물을 제외하고 가장 많은 것이 소금이지만 소금 자체는 냄새가 없다.

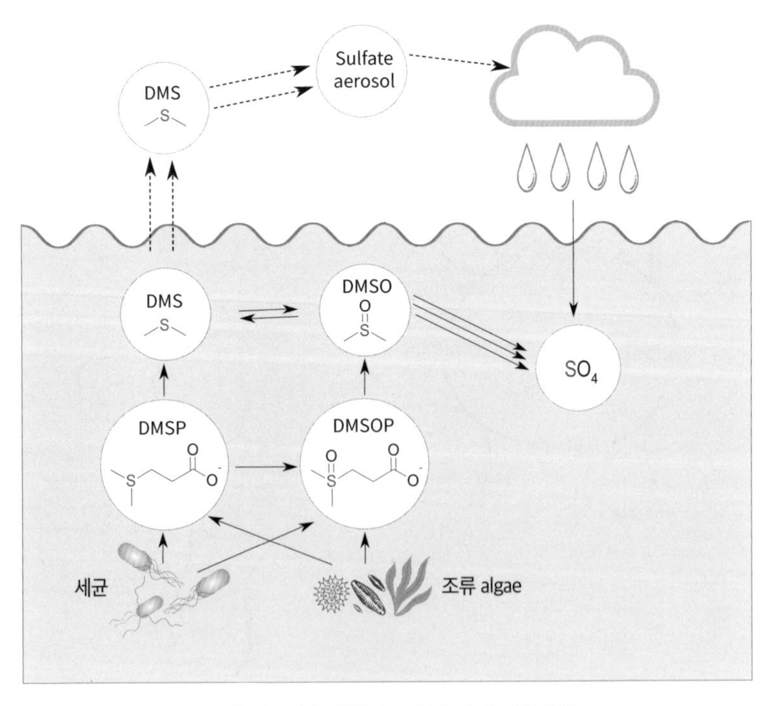

그림. 바다의 주 냄새 성분인 DMS의 생성과정

앞서 소금의 삼투압에 대응하려는 노력 때문에 TMA와 요소(암모니아)의 냄새가 있다고 설명했는데 이보다 훨씬 많은 양의 냄새 물질이 있다. 바로 디메틸설파이드(DMS)이다. DMS는 과일 향미에 중요하지만 특정 농도에서는 해조류, 김, 새우 등의 냄새뿐 아니라 옥수수, 아스파라거스, 보이차 등의 향도 제공한다. 그리고 이 물질도 알고보면 삼투압 때문에 만들어진다. 생선은 산화트리메틸아민(TMAO)를 만들어 삼투압에 대응하는데, 해조류와 플랑크톤은 DMSP(유기화합물의 일종)를 만들어 대응한다. 그러다 바다의 플랑크톤이나 세균이 죽으면 DMSP가 분해되어 디메틸설파이드(DMS)가 생성된다. 바다에는 플랑크톤과 조류(algae)의 양이 워낙 많아 이들이 죽으면서 분해되어 만들어지는 DMS의 양이 무려 10억 톤이나 된다고 한다. 워낙 많은 양이라 심지어 DMS가 바다 상공에서 에어로졸을 형성하여 비가 만들어지는 씨눈의 역할도 한다고 한다. 기후를 조작할 정도의 위력적인 양인 것이다.

한편 DMS는 바닷새 등의 해양 생물들이 먹이를 찾을 때 이용하는 냄새이기도 하다. 해양 생물들이 미세 플라스틱을 먹이로 착각해 먹는 경우가 많은데 깨끗한 플라스틱 조각은 먹지 않는다고 한다. 그러다 플라스틱에 광합성을 하는 각종 조류와 세균이 뒤덮이면 먹는데, 거기에 DMS의 냄새가 나기 때문에 바닷새 등이 먹이로 착각하는 것이다. 연구원들이 DMS를 방출하는 박테리아가 가득 든 병을 열자 굶주린 새들이 벌떼처럼 날아들었다고 한다. 해양 생물들이 플라스틱을 먹이로 착각하는 것은 그 모양 때문이 아니라 그 냄새 때문인 것이다.

바닷물보다 고농도의 소금물에서 사는 호염성균(halophilism)도 있다

스코틀랜드에 사는 양(North Ronaldsay sheep)은 상당한 농도의 소금을 견딘다고 한다. 섬에 담수가 부족하고, 먹이는 소금 농도가 높은 해조류 밖에 없어서 양이 고농도의 소금을 견디도록 진화한 것이다. 하지만 그처럼 진화하기는 쉽지 않다. 대부분의 생명체는 적당한 소금 농도를 좋아하는데 자연에는 예외적으로 고농도의 소금을 좋아하는 생명체도 있다. 그 중에 5~10% 혹은 그 이상의 식염농도를 좋아하는 세균이나 균류를 호염성 생물이라고 한다.

높은 삼투압을 견디기 위해 내부 삼투압을 높여야 하는데, 이를 위해 몸안에 저분자의 유기물을 축적하는 것이다. 호염성 고균, 조류, 곰팡이가 사용하는 전략으로 중성이나 양이온성 분자를 사용한다. 아미노산, 당류, 베타인 등이 대표적이다. 보다 급진적인 방법으로 몸안에 칼륨의 농도를 높이는 것이다. 그리고 고농도의 소금을 견디기 위해서는 많은 효소와 단백질이 고농도의 소금에 견딜 수 있는 형태로 바꿔야 한다.

극도로 염분이 높은 지역인 사해, 솔트레이크, 염전, 소금호수 등은 소금 농도가 해수의 10배가 넘는다. 이런 곳에서 사는 호염성 고균은 너무 심하게 적응을 하여 저염도에는 살지 못하며 염분 농도가 2M(약 10%)이 넘어야 생존할 수 있고, 적정 염분농도가 20~25%나 되기도

[표] 호염균의 분류

분류	염농도
바닷물	0.6 M(3.5%)
약한 호염균(halophiles)	0.3~0.8M (1.7~4.8%)
중간 호염균	0.8~3.4M (4.7~20%)
강한 호염균	3.4~5.1M (20~30%)

한다. 이들에 존재하는 단백질은 겉으로 드러난 부분에 있는 아미노산이 극성을 띈 것이 많아서 수분을 붙잡는 능력이 훨씬 증가한 상태이다. 그래서 이런 고도의 호염성세균은 반대로 민물에 노출되면 삼투압에 의해 세포가 금방 부풀어 터져버리기 때문에 생존이 불가능하다.

호염성균의 단백질은 친수성이 많고, 산성아미노산이 많고, 시스테인은 적고, 헬릭스 구조는 적고, 코일구조는 많다. 산성아미노산을 통해 친수성도 높이고 단백질 변성을 억제하여 내염성도 높이는 것이다.

2) 저나트륨혈증

지금까지는 주로 과잉의 나트륨이 해롭다는 말만 들었지만 1983년 세계보건기구(WHO)가 식염 섭취량과 혈압과의 관계를 32개국의 1만 명을 대상으로 조사한 결과에는 의외의 결과가 포함되어 있었다. 일본은 오사카, 긴키, 후지 지역을 조사했는데 당시 일본의 섭취량은

10~12g으로 세계의 평균보다 훨씬 많은 수준이었음에도 불구하고 고혈압 이행율은 세계에서 최저 비율이었다. 그래서 고혈압은 단지 소금의 섭취가 문제가 아니라 ① 유전적 요인, ② 비만·알코올 섭취·스트레스 등에 의한 환경적 요인, ③ 간장 장애 등의 영향도 큰 것으로 보고되었다.

사실 나트륨과 혈압의 관계는 생각보다 복잡하다. 예를 들어 저나트륨혈증을 이해하기 위해선, 먼저 나트륨과 수분의 조절 및 항상성을 이해할 필요가 있다. 신체 내 수분과 나트륨은 기본적으로 각자 독립적인 기작을 가지고 있으면서 서로에게 상당히 의존적인 관계이다. 나트륨의 농도에 따라 저혈량증 및 혈량과다증이 발생할 수 있고, 수분의 균형에 따라 저나트륨혈증 및 고나트륨혈증이 발생할 수도 있다.

나트륨의 섭취량이 늘어나게 되면 나트륨이 소변으로 배출되는 양도 늘게 된다. 알도스테론(aldosterone)은 저혈량증 등으로 인해 신관류의 압력이 저하될 경우, 활성화되어 요관에서 나트륨 재흡수를 촉진시킨다. 이런 식으로 소금량이 조절되고, 혈관의 수분량도 조절된다. 시상하부에 존재하는 삼투압 수용기가 혈장의 삼투압 증가를 감지할 경우, 갈증을 유도해 수분의 섭취를 유도하고, 항이뇨호르몬(ADH)을 배출해 요관 내 수분의 재흡수를 촉진하게 된다. 반대로 삼투압이 저하될 경우, ADH의 수치가 저하되고, 이로 인해 소변으로 수분의 배출이 활성화 된다. 만약 이런 조절에 장애가 생길 경우 저나트륨혈증이나 고나트륨혈증이 발생하게 된다.

저나트륨혈증은 혈액에 나트륨 농도가 135mmol/L 이하일 경우 나타나는데 120mmol/L 이하로 떨어질 경우 구체적 증상이 발생하게 된다. 이것은 나트륨이 적을 때도 일어날 수 있고, 나트륨 양은 정상인데 수분이 과다해도 일어날 수 있다. 지나친 물 섭취로 인한 저나트륨혈증의 경우, 수분이 뇌세포 안으로 이동하게 되어 세포내액(ICF)이 증가하게 되고, 이로 인해 뇌의 종창(swelling)및 부종(edema)이 발병하면서 두통, 혼수, 근육의 무기력함 및 경련과 반사항진, 발작 등의 증상이 나타나게 된다. 그 외 여러 가지 증상이 나타나는데 이런 증상은 주로 급성적인 물 중독으로 인해 나타나게 된다. 만성적인 저나트륨혈증의 경우, 뇌세포 및 다른 신체 세포에서 저나트륨혈증에 적응할 시간이 주어져 아무런 증상이 나타나지 않는 경우도 많다. 고나트륨 혈증만 위험한 것이 아니라 저나트륨 혈증도 위험하다.

전위차, 소금이 있어야 신경전달이 가능하다

1) 감각 세포는 나트륨과 칼슘으로 작동한다

사람들은 혀뿐만 아니라 구강벽 전체에서 짠맛을 느낀다. 물론 짠맛을 느끼는 전문 맛 세포가 있지만 다른 모든 맛 세포도 나트륨에 영향을 받는다. 1930년 내과의사 로보트 맥킨스가 매우 과격한 실험을 한 적이 있다. 지원자를 모집하여 매일 무염식을 먹이고 땀을 많이 흘리도록 한 것이다. 그러자 며칠 만에 문제의 징후가 드러났다. 세 명 모두 체중이 줄고 볼이 쏙 들어가서 환자처럼 보였다. 미각은 모두 사라져 담배를 피워도 그 맛을 느끼지 못했으며 양파 튀김도 지독한 구토를 유발하는 기름에 쩐 맛만 느껴졌다. 호흡도 가파졌고, 근력이 떨어져 면도만 하여도 피곤하였다. 물은 충분히 마셨지만 아무 수용이 없이 혈액 샘플은 갈수록 거무스름하고 걸쭉하게졌다. 피실험자는 실험을 마치자마자 금세 회복되었고, 소금

이 들어간 빵과 버터와 달걀을 먹자 몇 분 만에 미각이 돌아왔다

– 출처 원자, 인간을 완성하다

뇌는 우리 몸의 다양한 감각기관으로부터 신호를 받아 그것을 종합하여 판단을 한다. 우리 몸의 감각세포가 감각한 결과를 뇌에 전달해야 하는데, 그 방법이 나트륨을 이용해 전위차를 만드는 것이다. 감각수용체를 자극하는 것은 종류도 다양하고 물질도 다양하지만 전기적 신호는 나트륨과 칼슘으로 만들어진다. 세포 안으로 이들 양이온이 다량으로 쏟아져 들어와 전위차를 만들고 그것이 뇌로 전달된다. 그러니 나트륨이 부족하면 어떤 감각 신호도 뇌로 전달이 되지 않는 것이다. 반대로 뇌에서 나오는 신호도 운동기관으로 전달되지 않는다.

2) 뇌와 운동세포의 신경전달

나트륨이 없으면 감각 기관뿐 아니라 운동기관 등 다른 모든 기관도 작동할 수 없다. 뇌에서 조절신호가 내려와야 심장도 뛰고, 걷고 뛰고 할 수 있는데, 뇌에서 신호를 만들어도 나트륨이 없으면 그 신호를 전달할 수 없기 때문이다. 심한 탈수 후 갑자기 과도한 물을 마시면 위험한 것은 체액의 나트륨 농도가 낮아져 심장에 신경 전달을 할 수 없기 때문이다. 병원에서 응급환자에게 식염수 주사하고, 수술 도중에

식염수가 주입되는데 이는 수술도중 쇼크를 막기 위한 것이다.

3) 총 에너지의 22%가 나트륨 펌프를 작동하는데 쓰인다

'우리는 왜 먹어야 할까'는 나름 거창한 질문 같지만 '나트륨 펌프' 하

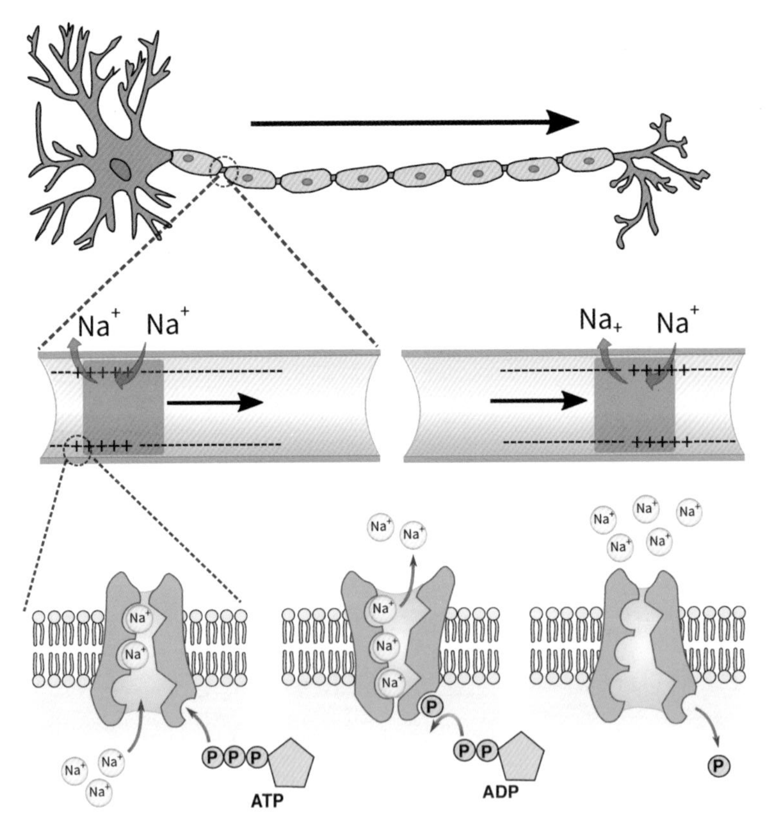

그림. 신경세포의 전기적 신호 처리 과정

나만 제대로 이해해도 먹는 목적의 22%를 확실히 알 수 있다. 뇌가 쓰는 에너지의 50%가 나트륨 펌프를 작동시키는 일이기 때문이다.

뇌의 신경세포는 다른 신경세포와 쉬지 않고 전기적 신호를 주고받는다. 그런 결과를 연합하여 적절한 판단을 하고, 운동 기관에 전기적 신호를 출력하여 운동을 하게 한다. 우리가 운동을 하건, 공부를 하건, 멍을 때리 건 뇌는 쉬지 않고 전기적 신호를 주고 받는다. 그리고 전기적 신호를 주고받는 것은 쉬지 않고 나트륨 펌프를 작동시키는 일이다. 뇌는 860억 세포가 초당 수십번 전기적 펄스를 만들며 작동하는데, 전기적 신호를 만들기 위해 나트륨 채널은 초당 1억개의 속도로 통과하고, 그것을 또 재 배출해야 한다. 실로 엄청난 나트륨의

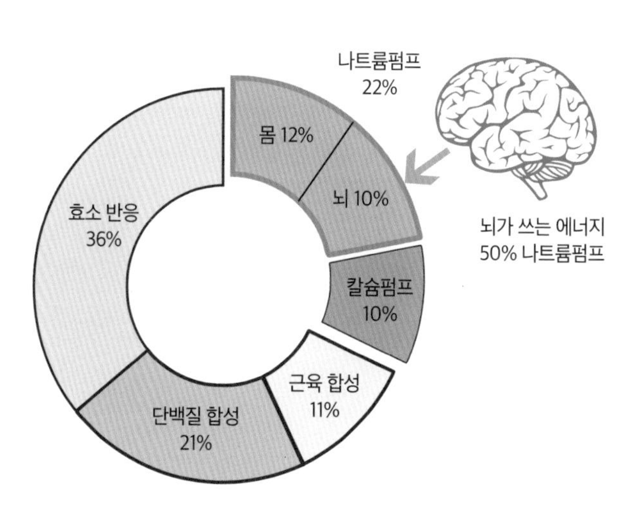

그림. 몸에서 ATP의 사용 비율

대이동이다. 나트륨 채널을 열면 양(+)이온 농도가 급격이 높아져 전기 신호가 만들어지고, 다음 신호를 만들기 위해서는 그렇게 쏟아져 들어온 나트륨은 강제로 다시 세포 밖으로 퍼내야 한다. 그 일을 하는데 뇌가 쓰는 에너지의 50%가 소비된다. 뇌가 쓰는 에너지가 전체 에너지의 20%이므로 우리가 먹는 것의 10%가 뇌의 나트륨 펌프를 작동시키는데 소비되는 것이다. 그리고 우리 몸에 있는 다른 나트륨 펌프를 작동시키는데 12%가 사용된다. 그러니 나트륨 펌프 하나만 알아도 우리가 먹는 목적의 1/5는 이해한 셈이다. 우리가 근육을 사용할 때 쓰는 에너지보다 2배나 많은 양을 나트륨 펌프에 쓰는 것이고, 우리 몸에 필요한 3대 영양소를 합성하는데 필요한 에너지와 거의 같은 양이다. 우리 몸은 정말 다양한 기능이 있는데 나트륨 펌프 단 하나가 총칼로리의 22%를 사용한다는 것은 정말 놀라운 현상이다

4) 소금은 정말 다양한 기능을 한다

소금의 염소는 위액의 염산을 만들어 주는 재료로서도 중요하다. 소금이 용해되어 생기는 염소이온(Cl^-)과 혈액 속에서 생기는 수소이온(H^+)이 위벽에서 함께 배출되면서 pH 0.9~1.5의 위산 즉 염산을 만들어 강력한 소화 작용을 한다. 이후 위산의 강력한 산성은 반드시 중화되어야 한다. 이때 동원되는 것이 나트륨으로 탄산과 결합하여

중단산염의 형태로 작용한다. 만일 소금 섭취량이 부족하면 이들의 소화액 분비가 감소하여 식욕이 떨어진다.

우리가 하루에 섭취하는 소금 10g이나 권장 섭취량 5g은 결코 우리 몸에서 사용되는 양이 아니다. 나트륨은 원자라 우리 몸에서 소비되지도 생산되지도 않는다. 한번 흡수되면 영원히 쓸 수 있는 것이라 더 이상 먹을 필요가 없다. 그럼에도 일정량 섭취를 해야 하는 것은 재흡수하지 못하고 버려지는 양이 있기 때문이다. 만약에 나트륨이 한 번 쓰면 사라지는 소모성 원자였다면 우리는 매일 2kg이 넘는 소금을 먹어야 할 것이다.

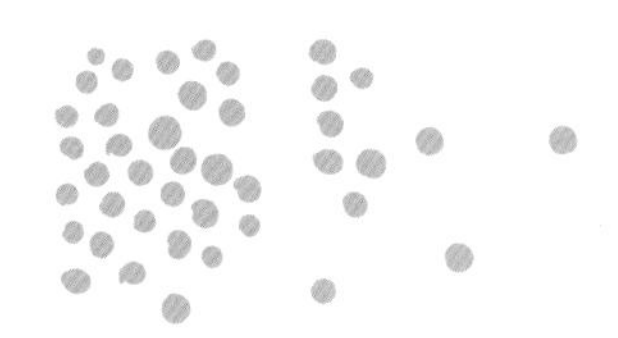

3

나트륨은 어느 정도가 적절한가

1) 우리가 소금을 먹는 이유는 진짜 이유는 손실량

섭취량보다 중요한 것은 체내 조절 능력

어린 빌리는 소금을 먹기 시작했다. 그는 항상 음식에 소금을 많이 넣는 것을 좋아했고, 결국 그의 욕구는 통제할 수 없을 정도가 되었다. 소금 한 통이 며칠 만에 사라지는 것을 발견한 그의 어머니는 어느 날 부엌에서 뭔가를 먹고 있는 것을 보았다. 그것은 소금, 순수한 소금이었다. 그녀는 소금 통을 빌리의 손이 닿지 않는 선반 위에 올려두었다. 빌리는 "엄마, 그러지 마세요, 나는 소금을 먹어야 해요"라고 하면서 울기 시작했다. 다음 날 아침 그녀는 부엌에서 쿵 소리가 나는 것을 듣고 가보니 빌리가 소금을 꺼내려다 의자와 쓰러진 것이다. 빌리는 눈물을 흘리면서 "엄마, 나는 소금을 머고 싶어요! 소금 줘요!"라고 말했다. 그녀는 소금을 줄 수밖에 없었고 빌리는 소금을 열심히 먹었다. 결국 엄마는 빌리를 병원에 입원시켰다. 빌리가 애처롭게 울면서 소금을 요청했지만 병원은 통상 아이들이 섭취하는 만큼만 주었고 계속 소금을 찾는 빌리의 방은 잠기고 말았다. 불행히도 빌리는 검사하기도 전에 죽고 말았다.

(출전 : 네일 R. 칼슨, [생리심리학 7판])

어린 빌리가 그렇게 소금을 찾은 이유는 알도스테론의 분비가 안 되었기 때문이다. 알도스테론은 신장에서 소금의 재흡수를 조절하는 호르몬인데 이것이 없으면 소금의 배출량이 과도해진다. 그래서 혈액 속에 소금이 부족해진 빌리는 그토록 소금을 갈구한 것이다. 만약 우리도 소금의 재흡수 기작이 없다면 빌리처럼 많은 소금을 먹어야 했을 것이다.

육지에서 살려면 소금의 재흡수 능력이 반드시 필요하고, 바다에서 살려면 소금의 배출력이 반드시 필요하다. 혈액의 소금의 농도 조절이 생존에 너무나 중요한 요소이니까 그렇다. 우리 몸은 소금, 특히 나트륨을 소중하게 아껴서 사용한다. 하지만 소량씩 끊임없이 손실이 된다. 그래서 동물의 몸속에는 항상 소금에 대한 강력한 욕망이 숨어 있다. 육식동물은 그나마 초식동물을 통해 일정량의 나트륨을 섭취할 수 있다. 하지만 초식동물은 사정이 전혀 다르다. 초식동물이 먹는 식물에는 나트륨은 적고 칼륨만 많다. 그러니 초식동물은 육식동물보다 소금에 대한 갈망이 훨씬 크다. 그래서 초식동물은 소금을 구하기 위해 목숨을 건 위험한 행동마저 마다하지 않는 경우가 많다.

서기 500~1,000년대를 유럽의 암흑기라고 말한다. 당시 지구의 온난화 현상으로 바다 수면이 1미터 가까이 높아져 모든 염전의 소금 생산량이 급격히 줄어들었고 소금 품귀현상이 생겼다. 소금이 줄자 여기저기서 탈수 현상과 정신 이상 증세를 보였고 사망자가 속출하기 시작했다. 이러한 소금 품귀현상은 내륙지방으로 갈수록 더욱 심해졌다. 결국 사람들은 미쳐 날뛰고 몰골이 흡사 귀신처럼 되면서 소금 성분을 섭취할 수 있는 동물이나 사람의 피를 빨아 먹기에 이르렀다. 동물과 사람의 피는 항상 어느 정도의 염분을 보유하고 있기 때문이다. 지금도 아프리카 내륙지방에서는 소금이 모자라 소의 동맥에 뾰족한 대나무관을 꽂고 피를 빨아 먹는다.

미네랄은 불멸의 존재로 소비되지 않는다

원자는 불멸의 존재이다. 합성되지도 소비되지도 않는다. 형태를 바꿔가며, 상태를 바꿔가며 이런저런 화합물 속에 들어갔다가 나올 뿐이다. 세상에서는 별의 별 일이 다 일어나고, 폭풍이 불고 화산이 폭발해서 상전벽해가 일어나도 원자는 그저 같은 원자일 뿐이다.

미네랄은 원자 상태로 작용한다. 그러니 어떤 생명체도 합성하지 못하고, 필요한 만큼 반드시 음식 등을 통해 섭취해야 한다. 그리고 원자는 어떤 생명체도 소모하거나 파괴하지 못하니 한번 섭취한 미네랄은 영원히 사용할 수 있다. 딱 한번만 섭취해도 된다는 뜻이다. 하지만 모든 생명체는 끝없이 숨을 쉬고, 땀을 흘리고, 배설을 하는 과정에 미네랄을 조금씩 손실할 수밖에 없고 딱 그만큼 다시 보충을 해야 한다.

미네랄은 배출을 막으면 굳이 먹지 않아도 되니, 무작정 배출을 막는 쪽이 유리할 것 같지만 중금속 같은 원자는 큰 문제가 된다. 중금속은 미네랄과 거의 특성이 같다. 단지 우리 몸에 불필요할 뿐이다. 만약에 중금속이 우리 몸에 한번 들어와서 영원히 배출되지 않으면 큰일이다. 우리가 어떤 음식을 먹어도 미량의 중금속이 딸려오기 마련인데, 배출이 없으면 우리 몸에 그만큼 쌓여서 결국 큰 문제를 일으키게 된다. 중금속도 미네랄처럼 매일 조금씩 배출이 된다. 보통은 이 배출량이 흡수량보다 많아서 큰 문제가 없는 것이다.

소금도 그런 미네랄의 하나이고 인간이 물고기처럼 계속 바다에 살았으면 소금 고갈의 위험이 없었을 텐데, 내륙 깊숙이 소금이 없는 곳까지 진출하면서 미네랄 중에 가장 절박하고 급박한 미네랄이 되어버린 것이다. 그래서 예전부터 소금은 동서양을 막론하고 경제적, 사회적으로 막강한 영향력을 행사해왔다.

모든 동물은 영양학을 배우지 않고도 제 먹을 것을 알아서 챙겨먹고 산다. 인간도 과거에는 비타민이나 미네랄은 존재조차 몰랐지만 필요한 영양분을 식물이나 동물을 통해 자연스럽게 섭취하였다. 그냥 주변에 구할 수 있는 먹거리를 챙겨 먹으면 그것으로 족했다. 하지만 딱 한 가지 예외적으로 따로 챙겨 먹어야 하는 것이 소금이다. 소금만큼은 아무리 식물을 골고루 먹어도 해결할 수 없었다. 우리 몸이 아무리

아껴 쓰려고 해도 워낙 역동적으로 쓰이는 것이라 손실되기 가장 쉬운 미네랄이었고, 그 양을 식물을 통해서는 충분히 얻을 수 없었기 때문이다.

콩팥이 가장 아끼는 미네랄은 나트륨이다

이런 소금의 역동성을 가장 적나라하게 보여주는 기관이 바로 콩팥(신장)이다. 우리가 섭취한 물과 소금의 90% 정도는 콩팥을 거쳐 소변으로 배출이 되는데 콩팥이 작동하는 원리를 알면 우리 몸이 소금을 얼마나 아끼는지 알 수 있다.

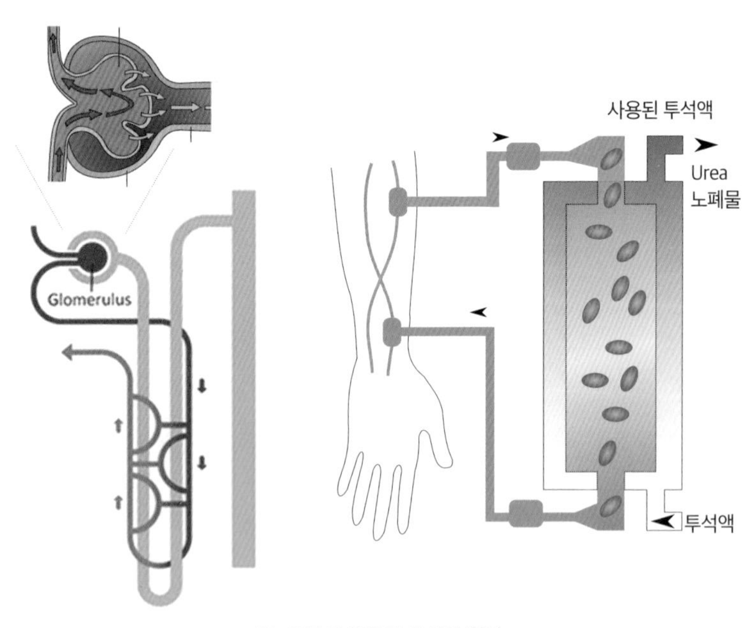

그림. 콩팥의 역할과 투석의 원리

콩팥의 핵심 기능은 요소(urea) 등의 노폐물을 오줌의 형태로 배출하는 것이다. 콩팥을 통해 노폐물이 제거되고 전해질 비율이 조절되어야 혈액과 혈압도 정상적으로 유지되어 살아 갈 수 있다. 두 개의 콩팥 중에 하나만 망가지면 살아가는 데 아주 큰 불편한 점은 없지만 상대적으로 피로도가 높아지기 때문에 아주 격렬한 운동을 하기는 힘들어진다. 만약 콩팥 기능이 30% 이하로 떨어지면 투석을 받아야 한다.

콩팥은 체중의 0.5%에 불과한데 심장이 펌프질한 혈액의 20%가 지나간다. 다른 부위에 비해 40배나 많은 양이다. 이런 콩팥에는 200만 개의 사구체가 있는데 심장이 콩팥으로 하루 동안 펌핑한 1,700리터의 혈액 중에 180리터가 사구체를 통과해 배출된다. 만약 재흡수가 안 되면 혈액은 고작 5~6리터 이므로 30분 이내에 피가 없어서 사망할 것이다.

콩팥의 핵심 기능은 배출보다 재흡수이다. 사구체를 통과해 배출된 180리터의 혈액은 다시 99%는 재 흡수되고, 소변으로는 1.5리터만 배출된다. 그런 식으로 콩팥은 혈액 5리터를 하루에 36번이나 여과한다. 콩팥에서 재흡수가 되지 않는 성분은 점점 진하게 소변에 농축되었다가 배출된다.

그런데 콩팥에서 노폐물이 걸러지는 원리는 생각보다 단순하다. 나도 처음에는 우리 몸에는 그렇게 다양한 대사산물과 중간산물이 생기는데 그것을 어떻게 일일이 구분해서 배출할 수 있을까 궁금했는데, 콩팥에 특정분자가 노패물인지 아닌지 일일이 판단하는 능력은 없었다. 그냥 강한 혈압으로 사구체의 미세한 틈으로 작은 크기의 분자를 배출하는 것이다. 사구체의 여과막을 적혈구, 단백질, 지방 등 큰 분자는 통과하지 못하지만, 나머지 작은 분자 즉 물, 포도당, 요소, 미네랄, 그리고 수만 종의 노폐물은 틈새를 통과하여 빠져나간다. 노패물만 골라서 배출하는 기능은 없고, 혈액에 있는 작은 크기의 물질은 죄다 배출하는 방식인 것이다.

그리고 필요한 분자만 재 흡수한다. 그 중에 물과 포도당, 아미노산 그리고 나트륨, 칼슘 같은 미네랄이 반드시 재 흡수해햐 하는 핵심 분

[표] 소변에서 성분의 농축정도

성분	혈장	소변	농축배수
Na^{+} (meq/L)	140	90	**0.64**
K^{+}	4.6	47.5	**10.3**
Cl^{-}	99	153.3	**1.5**
HCO_3	24.8	1.9	**0.08**
포도당(mg/dl)	100	0	**0**
지질	600	0.0002	**0**
아미노산	4.2	100	**24**
단백질 (g/dL)	7.5	62	**8.2**
요소(Urea)	10~20	900	**60**
크레아틴	1~1.5	150	**120**
암모니아(NH_3)	<0.1	60	**600**
요산	3	40	**13**

자다. 포도당과 아미노산은 100%, 나트륨은 99%가 재흡수가 된다. 소금은 사구체를 통해 하루에 1100g 이상 배출되는데 이것은 소금의 하루 섭취량의 110배의 양이다. 만약에 90%만 재 흡수되고 10%가 배출되어도 우리는 하루에 100g의 소금을 먹어야 한다. 질병에 의해 알도스테론이라는 호르몬이 분비가 되지 않을 경우 이정도의 소금을 먹어야 생존할 수 있다.

혈관에 존재하는 칼륨의 양은 나트륨 량의 2.8%에 불과하다. 그런데 하루 동안 소변으로 배출되는 칼륨 양은 3.2g으로 나트륨 4.1g과 비슷하다. 칼륨의 재 흡수율이 나트륨의 1/28에 불과한 것이다. 결국 칼륨은 재흡수를 하지 않아서 많은 양을 섭취해야 하는 것이고, 나트륨은 엄청나게 많이 재 흡수하지만 그래도 손실되는 것이 있어서 많이 섭취해야 하는 것이다. 염소(Cl^-)도 많이 재흡수는 하지만 나트륨에 비해서는 절반에 불과하다. 탄산염(HCO_3^-)이 일정량 음이온을 보충하기 때문에 염소(Cl^-)는 더 적게 유지하는 것이다. 결국 우리의 콩팥이 가장 악착같이 재 흡수하는 미네랄이 나트륨이다. 비록 지금은 소금을 필요량보다 2배 이상 많이 먹지만, 콩팥이 재 흡수량을 조금만 줄여도 지금 같은 나트륨 줄이기 운동은 필요가 없었을 것이다.

나트륨 대신 칼륨을 사용한 저염식이 무작정 좋은 것은 아니다

나트륨 함량을 낮춰 고혈압에 좋다고 알려진 저나트륨 소금(KCl)이 소금이 혈압에 큰 영향을 미치지 못한다는 연구결과도 나왔다. 서울대 수의과대학 박재학 교수팀이 실시한 동물실험 결과에 따르면, 정제염(NaCl, 99%)과 저나트륨 소금(KCl)을 비교한 결과 혈압을 높이는 정도는 거의 동일했다는 것이다. 고혈압 환자의 건강에 저나트륨 소금이 더 유익할 것이라는 소비자들의 상식을 뒤엎는 결과다.

저나트륨 소금은 짠맛은 일반소금과 같으면서도 나트륨 대신 칼륨을 사용하여 나트륨 함량을 40% 정도 낮춘 제품인데 그 효과가 기대만 못한 것이다. 칼륨도 인체에 꼭 필요한 영양소지만 음식물만으로도 충분한 섭취가 가능하다. 과다하게 섭취했을 때는 신장에서 이를 배출해 체내 균형을 유지하는데, 신장 기능이 약한 신장병 환자나 어린이들은 배출력이 떨어져, 칼륨을 과다 섭취하면 건강에 위협이 될

[표] 혈액, 링거액, 투석액의 미네랄 조성

Ion	혈액	링거액	투석액
Na^+	142	130	140
Cl^-	103	109	105
$HCO3^-$	27	-	35
K^+	5	4	2
Mg^{2+}	1.5	-	0.75
Ca^{2+}	2.5	1.5	1.25
HPO_2	1	-	
SO_4	0.5	-	
젖산		28	
포도당			5.5

수 있다. 칼륨의 배출이 부족하여 체내에 쌓이면 '고칼륨혈증' 등 질환이 오면 호흡 곤란, 근육 마비 등의 증상이 나타날 수도 있다. 특히 만성신장병 환자들은 극심하면 심장마비를 일으킬 수도 있다. 2008년 대한신장학회 발표에 따르면 35세 이상 한국 성인의 13.8%가 만성신장병 환자다. 이 중 63%는 자각 증상이 없는 1, 2기 환자였다.

투석 기술은 발전이 정말 너무 느린 편이다

혈액의 노패물을 제거하는 콩팥에 탈이 나면 투석을 해야 하는데, 지난 50년간 투석 기술이 별로 발전하지 않았다는 건은 정말 아쉬운 일이다. 투석 장치는 1940년대 초 빌렘 콜프라는 내과의사가 발명한 장치로, 당시에는 셀로판 튜브와 목제 드럼으로 만들어졌다. 오늘날의 투석기는 이보다 세련되게 제조되지만, 작동원리는 1960년대 이후 거의 변하지 않았다. 그래서 환자를 100kg이 넘는 육중한 기계에 연결해야 한다. 그러니 환자들은 정기적으로 병원을 방문할 수밖에 없다. 1회 치료에 4시간이 걸리고, 120~240리터의 여과수가 필요한데, 주 3회 치료를 해야 한다. 많은 에너지와 시간이 소요된다.

투석의 원리는 기본적으로 환자의 혈액을 투석액과 치환하는 것이다. 투석 장치에는 콩팥의 사구체처럼 미세한 홈이 있어서 그 홈으로 혈액의 노폐물과 작은 분자들은 모두 빠져나오게 된다. 그런데 콩팥에 비해 투석장치에는 포도당, 나트륨 등을 재흡수 하는 장치가 없다. 그러니 투석액에 그런 성분을 미리 첨가해야 한다. 투석액에는 혈액에 필수적인 성분을 조합해 녹여 넣어 노폐물은 희석되고 필요한 분은 일정하게 유지된다. 이런 투석액에 가장 많은 것도 소금이다. 나머지를 모두 합해도 소금양의 1/5도 안 된다. 혈액에 절대적으로 필요한 성분이 물과 소금인 것이다.

우리 몸에는 강력한 조절장치가 있다. 단지 세팅이 구식이다

우리는 짜게 먹는 사람은 물을 더 마시고 화장실도 더 자주 다닐 것을 생각한다. 하지만 오히려 물을 덜 마신다고 한다. 물론 오줌으로 배출되는 나트륨의 농도는 섭취한 소금의 양에 비례해 진해졌다. 즉 짜게 먹는 사람은 물을 많이 마셔 체액의 농도를 유지하고, 소변의 양을 늘려서 소금의 배출을 늘리는 것이 아니라 소변양은 줄이고 이온 농도가 높은 오줌을 배출해 문제를 해결하는 것이다.

소변이 진해지는 것은 쉽게 이해가 되지만 소변양이 줄어든 것은 이해하기 힘든 현상이다. 나트륨 농도에 따라 삼투압이 달라지기 때문이다. 우리 몸은 생각보다 복잡한 과정을 통해 소금에 대응한다. 소금을 과잉으로 섭취할 경우 몸이 대사경로를 바꿔 지방을 케톤체로 전환하며 물을 만들어내는 것으로 밝혀졌다. 이와 동시에 간과 근육에서 단백질을 분해해 요소(urea)를 만들어 신장에서 물의 재흡수 효율을 높이는 것으로 확인됐다. 그 결과 짜게 먹을 경우 몸속의 수분이 오히려 늘어나는 효과가 생겨 갈증을 덜 느끼고 따라서 물을 덜 마시게 된다는 것이다.

요소는 단백질 대사 과정에서 나오는 노폐물이지만 오줌의 양을 조절해 체내 수분의 항상성을 유지하는 역할을 한다는 사실도 알려져 있다. 즉 신장의 사구체 말단에서 요소가 신장조직으로 재 흡수되는데 이때 물 분자도 딸려 들어간다. 따라서 요소 농도가 높아 재 흡수되는 양이 많으면 그만큼 물을 끌고 가는 힘도 크다. 오줌에 나트륨이온의 농도가 높을 경우 삼투압 때문에 사구체 말단에서 물이 재 흡수되기가 어려운데 요소 농도를 높임으로써 이를 상쇄한다.

그런데 간이나 근육에서 단백질을 분해해 요소를 만드는 과정에서 에너지가 많이 들어간다. 따라서 이를 보충하기 위해 음식을 더 많이 섭취해야 한다. 실제 쥐를 대상으로 실험한 결과 소금이 많이 든 먹이를 준 그룹은 적게 든 먹이를 준 그룹에 비해 더 많이 먹는 것으로 나타났다. 만일 같은 양을 먹게 할 경우 짠 먹이를 먹은 그룹은 체중이 줄었다.

미네랄은 사용량만큼 먹는 것이 아니라 손실량만큼 먹는 것이다

우리 몸은 나트륨을 소중하게 아껴서 사용하지만 소량이나마 끊임없이 손실되므로 그만큼의 섭취가 필요하여 동물의 몸속에는 항상 소금에 대한 강력한 욕망이 숨어 있다. 육식동물은 초식동물의 내장이나 피를 통해 원하는 나트륨을 섭취하지만 초식동물은 항상 나트륨이 부족하므로 소금에 대한 갈망이 훨씬 크다.

건강을 위해 물을 충분히 마시라고 하는데 사실 내 몸 안에 소금이 없으면 그 물은 흡수가 되지 않는다. 충분한 물 만큼 충분한 소금의 섭취가 우리의 건강과 생존에 필수적이다. 단지 우리는 필요량보다 많이 먹고 있을 뿐이다. 흔히 나트륨을 줄이고 칼륨을 많이 먹으라고 하는데, 만약에 신장에 문제가 생기면 칼륨의 배출에도 심각한 문제가 생기기 때문에 칼륨의 섭취도 줄여야 한다. 나트륨은 그나마 소금으로 일부러 첨가한 것이기 때문에 줄일 수 있지만 칼륨은 식물 자체에 나트륨보다 10배나 많은 것이라 줄이기가 훨씬 어렵다.

한국인은 평균적으로 나트륨의 섭취를 줄이는 것이 좋지만, 무작정 싱겁게 먹어야 한다는 강박관념을 가질 필요는 없다. 만약에 나트륨 대신 칼륨과 같은 다른 미네랄이 소금처럼 맛이 있었다면 우리는 그 미네랄을 과용할 것이고, 그로 인한 피해는 몇 배는 더 심각했을 것이다. 소금(염소+나트륨)은 우리 몸에 가장 많이 필요로 하는 미네랄이고, 우리 몸에 흡수와 배출의 조절기능을 가장 잘 갖추고 있는 미네랄이다. 그래서 그나마 부작용이 이 정도에서 그치는 것이다.

2) 소금 섭취량은 무작정 줄이면 좋을까?

최근의 현재의 소금 권장량에 조금 문제가 있다는 주장도 있다. 각 지역의 기후와 토질에 따라 민족마다 소금을 섭취하는 필요량이 다른데 일률적인 권장량은 바람직하지 않다는 것이다. 북극 에스키모인들은 소금을 전혀 먹지 않아도 건강하게 사는데 이는 소금을 직접 섭취하는 것이 아니라 물고기나 짐승을 통해 간접 섭취하고 추운 날씨로 땀을 많이 흘리지 않기 때문에 소금을 먹을 필요가 그만큼 없다는 것이다. 과거 우리나라도 더운 지역인 영호남은 소금 섭취량이 많고 평안, 함경지방 같이 추운지역은 소금 섭취량이 적은 편이었다.

음식의 차이도 영향을 준다. 서양인은 육식을 많이 하는데 고기에는 식물보다 나트륨이 많다. 우리나라 사람은 식물성 식재료를 많이 먹는데 식물에는 나트륨은 별로 없고 칼륨이 많다. 그러니 WHO의 권장기준을 무작정 도입하기에는 너무 획일적이라는 것이다.

지나친 저염식도 건강에 위험을 야기할 우려가 있다

현재 미국 정부기관과 세계보건기구(WHO), 미국심장협회 등은 나트륨 하루 섭취량으로 미국인들의 하루 평균 섭취수준인 3,400mg 보다 낮은 1,500~2,300mg 혹은 그 이하를 설정하고 있다. 그런데 과도한 저염식도 건강에 좋을 것은 없다.

앨라배마대학 수전 오파릴 교수는 뉴잉글랜드 의학저널 기고를 통해 3년여 동안 17개국의 10만 명 이상을 대상으로 실시한 새로운 추적연구에서 하루에 나트륨을 3,000mg 미만으로 섭취하는 사람들의 사망 또는 심장마비, 뇌졸중 등의 위험이 3,000~6,000mg 가량 섭취하는 사람보다 27% 높은 것으로 나타났다고 밝혔다. 그리고 위험은 6,000mg 이상 섭취 시에는 다시 증가했다. 3,000mg 미만의 나트륨을 섭취하는 참가자의 4.3%가 사망하거나 심장마비 또는 뇌졸중 등으로 고통을 받았으며, 3,000~6,000mg의 나트륨을 섭취하는 집단에서는 3.1%가 동일 증상을 보였다. 6,000mg 이상 섭취군에서는 3.2%, 7,000mg 이상 섭취군에서는 3.3%에서 같은 증상을 보였다. 낮은 함량에서 위험이 급격이 증가하고 과도 한 양에서는 완만하게 위험이 증가한 것이다.

결국 소금은 과도한 섭취가 문제이지 섭취량을 너무 줄이면 건강에 문제가 생긴다. 2013년 미국립의학연구소(Institute of Medicine)가 발표한 보고서에도 나트륨 섭취를 2,300mg 이하로 줄이는 것이 심혈관

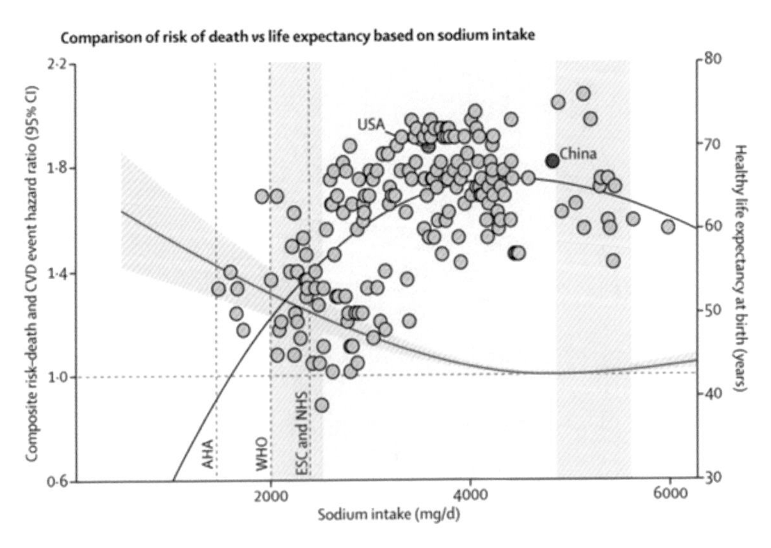

그림. 소금 섭취량과 사망의 위험과 수명의 관계, 4000mg 전후가 가장 안전하다.
AHA=American Heart Association. ESC=European Society of Cardiology.
NHS=National Health Service.

질환의 위험을 줄인다는 근거를 찾지 못했다고 한다.

소금을 너무 조금 먹으면 건강에 해롭다?

2013년 미국립의학연구소(IOM)의 보고서에 의하면 "염분 섭취를 지나치게 제한하면 오히려 건강에 해롭다." 고 하였다. 미국 보건복지부와 농부무의 주도로 설정된 현행 식단 가이드라인은 일반인들에게 "하루에 2,300mg 이하의 나트륨을 섭취하라"고 권장하고 있는데, 이는 소금으로 환산하면 6g이다. 그런데 심혈관질환의 위험이 높은 고위험군의 사람에게는 1,500mg 이하라는 '훨씬 까다로운' 기준이 적용된다. 그리고 미국 심장협회(AHA)는 한술 더 떠서, "모든 사람들은 염분 섭취를 최소화해야 한다."고 권장하고 있다.

반면 IOM 보고서에서는 ① "나트륨 섭취를 2,300mg 이하로 줄이면 심혈관질환의 위험이 감소한다는 주장에는 과학적 근거가 별로 없으며, 일부 환자군의 경우 저염식이 오히려 건강에 해로울 수도 있는 것으로 보인다."라고 주장했다. 그리고 ② "당뇨병, 만성 신장질환, 심혈관질환 환자의 경우에도 염분 섭취를 1,500mg까지 줄이는 것은 실이익이 없으며, 때로는 오히려 건강에 해로울 수도 있으므로, 이들을 별도의 고위험군으로 관리해서는 안 된다."라고 선언했다.

최근 다른 일부 과학자들도 '염분 섭취량이 너무 적으면, 특히 특정 환자군, 예컨대 중등~고도의 울혈성 심부전 환자나, 특정 질병으로 인해 공격적 치료를 받는 환자들의 경우 오히려 건강에 해롭다'는 연구결과를 발표하였다.

다른 영양분도 그렇지만 나트륨 섭취와 심혈관질환 위험 간의 관계를 나타내는 그래프는 J 또는 U 모양의 곡선을 그린다. 그러니 나트륨에 대한 공포를 과장하여 과소 섭취를 유도하는 것은 바람직하지 않다. 기존의 연구들은 '나트륨이 혈압을 상승시키고 혈압은 심혈관질환과 뇌졸중의 위험을 증가'시키는 원인으로만 파악했지만 반대편에서는 건강 전체적 측면에서는 지나친 염분섭취 제한은 오히려 건강에 해롭다는 것이다.

나트륨 섭취 제한이 무조건 혈압 관리에 도움이 되는 것도 아니다

심지어 나트륨 섭취를 제한하는 것이 혈압 관리에도 별 도움이 되지 않는다는 2017년의 연구결과도 있다. 미국 보스턴대학 의대 예방의학과의 린 무어 박사는 나트륨을 하루 권장섭취량보다 적게 먹는 사람이 많이 먹는 사람보다 장기적으로 혈압이 높다는 연구결과를 발표한 것이다. 프래밍햄 심장연구(FHS)에 참가하고 있는 남녀 2천632명(30~64세)을 대상으로 16년에 걸쳐 진행한 조사 분석 결과다. 연구팀은 하루 나트륨 섭취량 2.5g 이하와 이상인 그룹, 칼륨 섭취량 2.3g 이하와 이상 그룹으로 나누고 16년 동안 혈압의 변화를 추적 관찰했다. 조사 시작 때 이들의 혈압은 모두 정상이었다. 결과는 나트륨과 칼륨 섭취량 하위 그룹이 상위 그룹보다 최고-최저 혈압이 모두 높은 것으로 나타났다. 나트륨과 칼륨 섭취량 하위 그룹은 최고-최저 혈압이 평균 135.4/79mmHg로 상위 그룹의 129.5/75.6mmHg보다 현저히 높았다. 나트륨 섭취량이 3.7g, 칼륨 섭취량이 3.2g으로 가장 많은 그룹이 최고-최저 혈압이 가장 낮았다. 이 결과가 말해주는 것은 혈압이 오로지 나트륨 하나만의 문제가 아님을 보여주는 것이라고 설명했다. 그는 나트륨 섭취량은 하루 3~4g이 적당한 것으로 보인다고 주장했다.

이런 여러 가지 자료들을 살펴보면 소금을 줄이기도 힘들지만, 소금이 건강에 어떤 영향을 미치는지를 명확하게 이해하는 것마저 쉽지 않은 것 같다. 소금의 과도한 섭취는 분명 해롭겠지만 소금에 대한 지나친 두려움을 조장하는 것도 건강에는 전혀 도움이 되지 않는 것이다.

식품에서 소금의 다양한 기능

식품에서 소금의 역할은 매우 다양하다

식품에서 소금의 역할을 정말 다양하다. 제품의 맛과 식감, 보존성, 이취제거 등의 기능을 하고 제조 공정에도 영향을 준다. 이런 기능들은 서로 상호작용을 하면서 복잡하게 일어나서 명확히 분리하여 설명하기 어렵다. 그래도 몇 가지로 나누어 그 기능을 알아보면 다음과 같다.

첫째, 소금은 가공식품의 맛에 영향을 준다. 고유의 짠맛뿐 아니라 여러 가지 맛을 상승시켜 식품의 관능적 특성을 좋게 해주어 소비자 기호도를 높이는 역할을 한다. 육가공제품에서는 고기 맛을 증진시켜 주기도 하고 통상 가공식품에서 요구되는 순한 맛과 풍부한 맛을 부여해준다. 그리고 감자칩의 경우 소금이 주는 짠맛은 소비자가 가장 좋아하는 품질 특성의 하나이다. 그러니 소스류에서 소금을 줄이면 맛 뿐 아니라 향도 나빠진다.

둘째로 소금은 식품의 보존성에 영향을 준다. 인류 역사상 식품을 만들면서 저장기간을 늘리기 위해 처음으로 사용한 것이 소금이었다. 소금이 인류가 최초로 사용한 천연 보존료였던 것이다. 소금은 식품에서 삼투압을 통해 미생물이 증식을 위해 필요한 물을 사용하지 못하도록 수분활성도(Aw)를 낮춰주는 역할을 한다. 이런 효과는 설탕보다 훨씬 효과적이다. 특히, 육가공제품에서는 소금은 아질산염과 함께 클로스트리듐 보튤리늄(Clostridium botulinum)의 포자 형성을 막아주는 매우 중요한 역할을 한다.

셋째, 소금은 가공식품의 물성에 영향을 준다. 육가공제품에서 소금이 고기의 조직을 부드럽고 탄력있게 해주는 것은 소금이 고기 단백질의 보습능력을 높이기 때문이다. 소금 농도가 3~9% 정도에서 고기의 근원섬유단백질을 팽창시켜 가공중 물을 흡수하여 부드러운 조직을 만드는데 기여한다. 또한, 소금은 단백질의 결착력을 높이는데 이는 육가공제품의 품질을 높여 주는 것뿐 아니라 공정상에도 매우 중요하다. 소금은 근원섬유단백질과 매우 중요한 3가지 상호작용을 수행한다. 단백질-물(water holding)의 결합, 단백질- 단백질(meat binding)의 결합, 단백질- 지방(fat binding)의 결합이다. 이런 상호작용의 정도는 육가공품의 품질을 크게 좌우한다. 소시지의 경우 소금양이 많아질수록 조직은 물기가 없이 단단해지는데 이는 소금이 수분

활성도에 영향을 주기 때문이다.

넷째, 소금은 식품의 제조공정에도 영향을 준다. 소금은 빵등 밀가루 제품에서 효모의 발효정도에도 영향을 준다. 소금을 불충분하게 사용하면 효모발효가 과도하게 일어나 최종제품이 너무 크게 부풀어 규격에 벗어나기도 하고 조직에도 안 좋은 영향을 준다. 반대로 소금을 많이 사용하면 삼투압 등으로 효모의 발효가 억제된다.

적당한 소금은 글루텐의 안전성을 높이고 탄력성을 높여 제조공정 중에 잘 들러붙지 않게 하여 공정을 용이하게 해준다. 그리고 육가공 제품에서는 고기의 결착력을 높여서 제조 공정 중 이송을 용이하게 해주고 제품 형태의 형성과 유지 등을 돕는다.

다섯째, 소금은 이취를 줄이는 역할을 한다. 소금은 햄류 등 육가공 제품에서 돈취 등의 이취를 억제해 품질을 향상시키고, 어묵류에서는 원료로 사용되는 물고기의 비린내를 줄여 준다.

1) 맛에서 소금의 역할

맛에서 소금의 역할을 앞에서 충분히 설명했지만 결국 소금은 단순히 양념이 아니다. 식품에서 맛을 높이기 위해 사용하는 설탕, MSG, 고추, 후추, 마늘 등 갖은 양념은 그것을 빼면 맛의 일부가 사라지겠지만 우리의 생존과는 아무런 관계가 없다. 소금은 이런 조미료와는 근본적으로 격이 달라서 소금을 빼는 것은 단순이 맛의 일부가 사라지는 것이 아니라 살아가는데 필요한 결정적인 미네랄이 사라지는 것이다. 소금은 생존을 위한 것이라 반드시 필요한 양을 넣어야 하고 그만큼 강력한 맛 성분으로 작용한다.

2) 발효조정 및 보존성 향상기능

과거에 젓갈이나 장류 등의 음식에 소금을 맛을 내는 차원을 넘어 짜서 직접 먹기 힘들 정도로 많이 넣은 것은 보존성을 높이기 위해서다. 지금은 냉장과 포장 등 다양한 식품 보존의 기술이 발전하여 보존료의 역할로 소금의 필요성이 많이 감소되었지만 여전히 중요한 역할을 한다. 더구나 소금을 넣으면 맛과 물성이 좋아지고 소금은 가격마저 저렴하다.

소금은 물에 35%까지 녹아 물에 소금 농도가 20~25%를 넘으면 대부분의 세균, 효모, 곰팡이의 생육이 억제된다. 소금이 세균의 균체에서 물을 모두 빨아내서 말려 죽이거나 무력화시키는 것이다. 물이 없으면 어떤 것도 살 수 없는 것은 세균 같이 단순한 생물도 예외가 아니다.

소금은 식품의 수분 활성을 감소시키기 때문에 식품의 보존성을 전반적으로 높인다. 소금의 나트륨과 염소는 물과 결합하여 식품의 수분 활성도를 낮추어 보존성을 높인다. 그리고 소금은 삼투압을 통해 미생물 세포의 물을 빼앗아 미생물을 죽이거나 성장을 지연시킬 수 있다. 또 일부 미생물에서 소금은 산소 용해도를 제한하거나, 세포 효소를 방해하거나, 에너지를 소비하도록 하여 세포의 성장 속도를 감소시킬 수 있다.

현대의 식품에서 식품을 보존하는 방법은 특정 단일 성분을 많이 사용하는 것보다 여러 장애물(huddle)을 사용하는 방식이 많이 활용된다. 그래야 효율이 좋고 맛에도 나쁜 영향이 없기 때문이다. 소금의 첨가, 가열 살균, 저온 보관, pH 조절, 그리고 보존성을 높이는 원료의 사용 등이 그런 장애물의 예이다. 단일 보존 방법만으로는 품질과 안정성을 모두 만족시키기 어렵기 때문에 가능한 다양한 허들을 입체적으로 사용하여 품질과 안전성을 모두 지키고자 한다.

소금의 보존력

- 소금은 자연에서 쉽게 얻을 수 있는 보존료이다
- 소금은 미생물이 수분을 사용하지 못하도록 식품의 Aw(수분활성도)을 낮추는 효과가 있다.
- 소금은 녹아서 나트륨과 염소로 이온화되어 물을 붙잡아 Aw를 낮추는 기능이 설탕보다 훨씬 효과적이다
- 이런 탈수효과에 염소이온은 산소압과 효소 활성을 낮춰어 주는 기능도 있다.

발효의 조정

발효는 미생물의 도움으로 일어나지만 무작정 미생물이 많아서 좋은 것은 아니며 적당한 수준에서 억제되어야 한다. 그리고 특히 잡균의 번식을 막아야 한다. 소금 농도를 변화시키면 유용한 미생물의 증식을 적당한 수준으로 유지하는 발효 조절작용을 한다. 간장, 된장의 사상균, 효모, 빵 반죽의 효모, 치즈의 사상균, 효모, 김치에서 유산균의 증식은 염분농도에 의해서 좌우되며 염분농도가 적절하지 않으면 좋은 제품이 되지 않는다. 소금은 또한 식물 조직에서 물과 당분을 끌어내는 데 도움이 된다. 그리고 당분은 발효 과정의 속도를 증가 시킨다.

이렇게 발효된 제품은 특정 유형의 미생물의 작용으로 신선한 식품보다 장기간 보존 할 수 있는 식품이 된다. 피클, 소금에 절인 양배추, 치즈 및 발효 소시지와 같은 제품은 유산균의 도움으로 보존성이 좋아지는데 소금은 유익한 미생물의 성장을 촉진하고, 식품에 자연적으로 존재하는 바람직하지 않은 부패균이나 진균의 성장을 억제한다.

나트륨 저감화의 주의점

기존 식품에서 나트륨 함량을 줄이고자 할 때는 식품의 부패와 같은 안전성에 문제가 생기지 않도록 해야 한다. 냉장/냉동식품, 가열살균 제품, 산성식품(pH 〉3.8) 등에서 나트륨을 줄이면 허들이 하나 제거되어 부패할 가능성이 높아지는 경우가 있다. 나트륨을 줄이는 동시에 제품의 안전성을 높이는 대책이 필요하다. 예를 들어, 육류에서 소금과 아질산염을 모두 제거하여 나트륨 함량을 줄이면 젖산균이 빠르게 성장하고 병원성균의 성장도 증가할 수 있다. 영국에서 냉장식품에 소금을 줄이려고 한 것이 2001~2005년까지 리스테리아 발생률 증가에 기여한 한 가지 원인이 아닌가 추측하고 있다. 리스테리아는 냉장 온도에서도 생존하고 성장하는 종류가 있다. 클로스트리디윰 보튤리늄 균도 마찬가지다. 가공 치즈, 육류 제품, 수비드 제품 등에서 나트륨을 줄이면 이 보튤리늄의 위험성이 증가한다. 예를 들어, 소금을 1.5%에서 1.0%로 줄이면 이 균이 독소를 생성하는 데 필요한 시간이 크게 짧아진다. 보튤리늄균을 접종해도 1.5% 염 농도에서는 42일 동안 독소 생산이 검출되지 않았지만 1.0%에서는 21일 이내에 독소가 생산되었다.

3) 물성의 변화

단백질은 식품의 물성에서 결정적인 역할을 하는 경우가 많은데, 친수성/친유성, 극성/비극성 등 성격이 다른 20종의 아미노산으로 된 것이라 여러 가지 조건에 민감하다. 소금은 pH는 바꾸지 않지만 이온 농도를 바꾸기 때문에 단백질에 많은 영향을 줄 수 있고 단백질이 바뀌면 식품의 물성이 크게 달라진다. 소금이 제공한 이온 농도가 적절하면 단백질 사슬간의 정전기적 인력 제거하면 용해도가 증가하고(염

용해: salting in), 고농도에서는 단백질의 음이온이나 양이온 주변을 둘러싸고 있는 물 분자를 빼앗아 단백질의 용해도가 낮아진다. 그래서 단백질이 결정화 된다.(염석: salting out)

소금은 반죽의 점도를 조절하는 데 중요한 역할을 하여 일부 구운 식품의 가공을 용이하게 한다. 육류, 치즈 및 압출 스낵 제품에서 소금은 소비자가 원하는 물성을 만드는데 기여한다. 예를 들어, 치즈에서 소금은 탄력 있는 질감을 만들어 낸다. 단백질의 용해성을 조절할 수 있기 때문이다.

소금은 아니지만 나트륨을 함유한 화합물 중에 식품에 중요한 역할을 하는 것도 있다. 중탄산나트륨 등은 빵을 만들 때 반죽의 컨디셔닝과 팽창에 활용된다. 육가공이나 어육제품 등에서 나트륨이나 인산염을 포함한 용액은 단백질의 용해성을 높여 보다 많은 수분을 흡수 유지하여 탄력있는 조직을 만들 수 있게 한다. 고기에서 소금을 줄이면 조직감도 달라지는데 이런 물성을 개선하기 위해 인산염이나 효소(trans glutaminase) 등을 사용하기도 한다. 인산염은 단백질의 용해도를 높여 보다 많은 수분을 흡수하여 탄력있는 조직을 만들고, 효소(trans glutaminase)는 단백질 사슬간에 네트워크를 형성하여 조직을 훨씬 탄력있게 만든다. 나트륨을 줄일 목적으로 소금을 빼다보면 무심코 사용했던 소금이 물성에도 많은 영향을 미친다는 것을 그때서야 알게 되는 경우가 많다. 설탕도 마찬가지인데 당류를 줄인다고 설탕 대신 고감미 감미제 같은 것을 사용해보면 설탕의 역할이 얼마나 다양한지 알 수 있다.

- **고기 :** 단백질의 수화, 단백질–단백질, 단백질–지질의 결착력 증대
- **치즈 :** 단백질의 수용화를 증가시켜 수분 함유량을 높인다.
- **제빵 :** 글루텐Gluten, 글리아딘gliadin 단백질을 수화작용으로 안정화시키고, 메일라드 반응에 영향을 주어 빵의 색깔 등이 달라짐

단백질 용해작용

동물이나 식물에 널리 들어있는 단백질로 알부민과 글로불린이 있는데 알부민 타입은 물에 녹지만 글로불린은 녹지 않는다. 그러나 소금물에는 글로불린도 녹는다. 곡류에 들어있는 단백질인 플로라민에 속하는 글리아딘은 소금물에 의해서 녹고, 글리아딘과 글루테닌은 물을 흡수하여 결합한다. 그리고 그 결합한 물질은 계속해서 반죽(kneading)하여 탄력 있는 그물조직을 만들면 글루텐이 된다. 이 글루텐의 형성은 온갖 밀가루 음식의 탄력을 부여하여 우동이나 면의 끈기, 탄력, 씹히는 감촉을 좌우하는 핵심요소가 된다.

콩을 삶기 전에 소금물에 담가 두면 소금물이 콩에 침투하여 콩 단백질인 글리시닌을 어느 정도 녹여서 조직을 연하게 하기 때문에 빨리 삶을 수 있다. 햄 소시지와 같은 육제품과 어묵제품은 근원섬유를 형성하는 단백질이 소금에 의하여 가용화되고 가열에 의하여 변성되어 겔(gel)화되므로 결착성이 좋아지고 독특한 씹힘성, 질감(texture)이

생기게 된다.

단백질 변성작용

단백질이 녹고 풀려서 서로 엉키면 응고가 된다. 열에 의해서도 단백질이 풀려서 응고되지만 소금이 있으면 좀더 쉽게 풀려서 응고하는 온도가 낮아지므로 조리할 때 이 성질을 이용한다. 생선과 고기를 구울 때 표면에 먼저 소금을 뿌려 두면 표면이 빨리 응고하여 단단해지며 내부에 있는 수분이나 맛있는 성분이 빠져나오는 것을 늦춰준다.

달걀을 삶을 때 소금을 조금 넣으면 달걀이 깨져 흰자가 밖으로 흘러나와도 곧 응고하기 때문에 더 이상 흘러나오지 않게 된다. 모양이 흩어지지 않은 깨끗하게 수란을 만들 때에도 1~2%의 소금물을 사용한다. 다시국물을 낼 때에 건더기에서 감칠맛 성분을 추출하고 다시 건더기를 걸러 내지만 이때 불을 끈 후 소금을 조금 넣으면, 생선 또는 육류에 맛있는 성분이 흡착되는 것을 줄일 수 있다. 그러나 처음부터 소금을 넣으면 건더기에서 맛있는 성분이 추출이 방해된다.

4) 기타 소금의 역할

산소 실활작용

사과의 껍질을 벗겨 그대로 공기 중에 방치하면 갈변한다. 이것은 산화효소에 의해 폴리페놀이 산화되어 착색되는 현상이다. 이때 소금물에 담가 두면 효소가 기능을 상실하기 때문에 변색하지 않는다. 소금물에 의해 변색방지와 선명한 색을 유지하는 기능은 클로로필의 녹색 고정, 안토시안의 적색 고정, 햄 등 육제품의 적색 보존 등에 적용된다.

치환작용

소금 중의 나트륨은 식품 중의 칼슘, 마그네슘과 치환하거나 또는 식품 중의 성분이 칼슘, 마그네슘과 결합하는 것을 방해한다. 채소를 데칠 때의 소금은 세포를 단단히 고정하고 있는 단단하게 칼슘의 결합에서 칼슘과 치환되어 네트워크가 해체되므로 채소를 부드럽게 하는 역할도 한다.

4장

어떤 소금이 좋은 소금일까

소금은 구성하는 성분보다 입자의 형태가
제품의 용도와 품질을 좌우하는 경우가 있다.
결정화 기술이 핵심이다.

출처_shutterstock

결정화,
소금마다 성분이 다른 이유

1) 소금의 종류와 성분

식품공전을 보면 소금의 종류별로 염화나트륨 등의 함량 규격이 다르다. 똑같이 바닷물을 이용해 만든 소금이라도 천일염과 정제염은 기본적으로 수분의 양이 달라 성분이 다르지만, 같은 천일염도 결정화 속도에 따라 염화나트륨과 다른 미네랄의 양이 달라지기도 한다.

몇 년전에 천일염과 정제염을 두고 서로 어느 것이 좋다고 다투기도 했지만, 그 제조 원리를 알고 나면 금방 전혀 의미 없는 논쟁이라는 것을 알 수 있다. 천일염은 염전에서 바닷물의 자연 증발에 의해 생성되기 때문에 미네랄이 다른 소금에 비해 풍부한 것으로 알려져 있으나, 불순물도 그만큼 다른 소금에 비해 많이 함유될 수 있다. 천일염은 불순물이 관리가 되기 힘들다는 이유로 식품용에서 제외되었다가 2008년부터 '식품위생법'에서 식용소금으로 관리하게 되면서 식품 제조에 사용이 가능하게 됐다. 천일염의 불순물을 줄이기 위해 염전시설 개선사업 등이 진행되어 왔지만 현실적인 어려움이 많다.

재제소금은 가정에서 흔히 '꽃소금'으로 불리며 천일염이나 암염을 정제수나 바닷물 등에 녹여 불순물을 여과한 후 다시 결정화시킨 소금이다.

정제염은 바닷물을 정제기술을 이용해 염화나트륨 순도를 높인 소

[표] 식품공전에 따른 소금의 분류

<table>
<tr><th></th><th>천일염</th><th>재제염</th><th>태움용융</th><th>정제염</th><th>가공소금</th></tr>
<tr><td>염화나트륨(%) 이상</td><td>70</td><td>88</td><td>88</td><td>95</td><td>35</td></tr>
<tr><td>총염소(%) 이상</td><td>40</td><td>54</td><td>50</td><td>58</td><td>20</td></tr>
<tr><td>수분(%) 이하</td><td>15</td><td>9</td><td>4</td><td>4</td><td>5.5</td></tr>
<tr><td>불용분(%) 이하</td><td>0.15</td><td>0.02</td><td>3</td><td>0.02</td><td>-</td></tr>
<tr><td>황산이온(%) 이하</td><td>5</td><td>0.8</td><td>1.5</td><td>0.4</td><td>2.5</td></tr>
<tr><td>사분(%) 이하</td><td>0.2</td><td>-</td><td>0.1</td><td>-</td><td>-</td></tr>
<tr><td>페로시안화이온(g/kg)</td><td>불검출</td><td colspan="4">0.01</td></tr>
<tr><td>비소(mg/kg) 이하</td><td colspan="5">0.5</td></tr>
<tr><td>납(mg/kg) 이하</td><td colspan="5">2</td></tr>
<tr><td>카드뮴(mg/kg) 이하</td><td colspan="5">0.5</td></tr>
<tr><td>수은(mg/kg) 이하</td><td colspan="5">0.1</td></tr>
</table>

금으로 염화나트륨 농도가 가장 높은 편이다. 불순물이 적고, 순도가 높고, 품질(농도)이 균일하기 때문에 가공식품 제조에 많이 사용된다.

태움·용융소금은 죽염 등으로 알려졌는데 암염이나 천일염 등을 800℃ 이상의 고온에서 수차례 가열과 분쇄를 반복해 만든 것이다. 식약청은 태움、용융소금을 제조할 때 낮은 온도로 가열하면 인체에 유해한 다이옥신이 생성될 수 있기 때문에 3pg TEQ/g을 자율기준으로 정해 관리하고 있다.

가공소금은 소금에 영양성분이나 맛을 증진시킬 목적으로 다른 식품이나 식품첨가물을 첨가한 것을 말한다.

결정화 방법에 따라 소금의 성분이 달라지는 것은 소금을 만들 때 끝까지 결정화되지 않고 남는 간수의 성분을 확인해 보면 된다. 우리나라의 천일염은 상당히 빠른 속도로 건조를 시키므로 제조 시에 염화나트륨 말고도 칼륨, 마그네슘 같은 성분도 상당량 결정화되어 소금에 포함되어 있다. 이런 소금을 보관하다보면 공기 중의 습기를 빨아들이면서 간수 성분이 녹아 나온다. 이런 간수를 모아 두부를 응고시키는데 쓰기도 했는데 간수의 성분은 염화마그네슘이 15~19%, 황

[표] 호주 간수의 성분

성분	Mg	K	Na	SO_4	고형분	Water
함량	8.41	0.53	0.34	3.59	48.79	51.21

산마그네슘이 6~9%, 염화칼륨이 2~4%, 염화나트륨이 2~6% 등이다. 이런 간수 성분이 가장 적게 들어 있는 것이 정제염이나 암염이고 많이 들어 있는 것이 급속이 건조시켜 갓 만들어진 천일염이고, 보관기간이 길어질수록 빠져나가는 양이 증가하여 감소한다.

2) 결정화의 차이

결정화 현상은 다양하다

바닷물을 농축한다고 바닷물에 포함된 미네랄 성분이 동시에 같은 속도로 결정화되는 것이 아니다. 성분별로 결정화되는 조건이 달라 제조법에 따라 함유한 성분 비율이 달라진다. 결정화를 이해하려면 바닷물에 존재하는 미네랄의 종류와 미네랄 종류별 용해도를 알아야 한다. 소금은 물에 잘 녹는 편이지만 설탕보다는 훨씬 적게 녹고, 설탕은 온도에 따라 녹는 양이 크게 증가하지만 소금은 0도에서 100도까지 온도가 높아져도 용해도의 변화가 적은 것이 특징이다.

결정화의 기본 원리는 인공강우와도 같다. 비가 오지 않을 경우 인공강우를 시도하는데 인공강우는 구름층은 형성되어 있으나 대기 중에 응결핵(빙정핵)이 적어 습기가 빗방울로 성장하지 못할 때, 인위적으로 인공의 작은 입자인 '비씨'를 뿌려 특정지역에 강수를 유도하는 것이다. 인공의 '비씨'로는 드라이아이스, 아이오딘화은, 염분 입자를 이용하는데, 이러한 입자들을 공기 중에 뿌리게 되면 빙핵의 역할을 하여 여기에 주변의 수분이 들러붙어 작은 눈송이나 얼음이 된 후, 빗방울로 변하게 강수 현상이 발생한다.

앞서 바닷물이 증발하여 비가 될 때 필요한 응결핵을 만드는 데는 디메틸설파이드DMS가 큰 역할을 한다고 설명했는데, 숲에서는 미생물의 분비물이 그 역할을 한다고 한다. 과학자들이 식물로 뒤덮인 지역이 황량한 지역에 비해 비가 더 많이 온다는 사실을 알게 되었다. 식물의 이파리에 있는 뭔가가 있어 폭풍이 치기 전 바람에 날려 올라가 구름을 응집시키는 빙핵 역할을 한다는 것을 발견한 것이다. 식물의 잎에 존재하는 '슈도모나스 시린자이'라는 세균이 수증기를 응집시

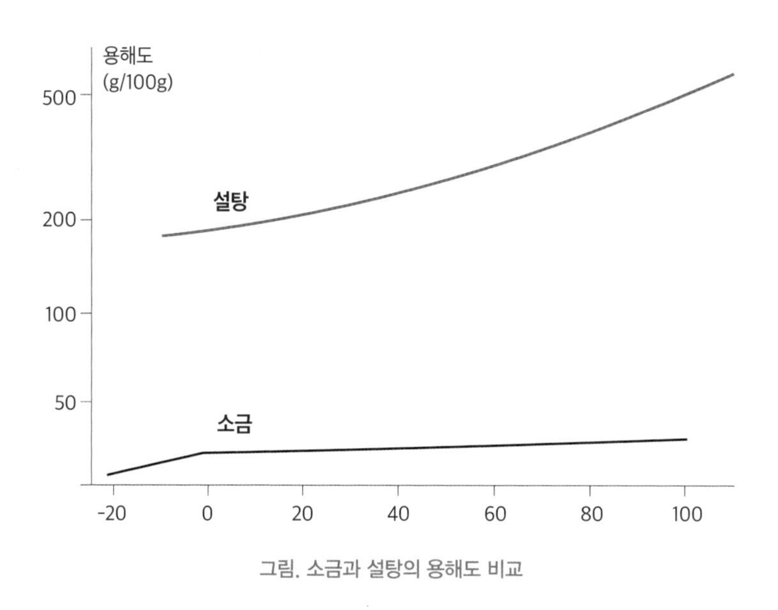

그림. 소금과 설탕의 용해도 비교

켜 빙핵을 만들고 시아노균이 배설한 물질이 빙핵이 되어 같은 수분의 양에서 더 쉽게 비가 온다는 것이다.

소금이든, 지방이든, 얼음이든 뭔가가 결정화 될 때는 적절한 농도/온도 조건과 결정핵이 큰 역할을 한다.

소금의 결정화

전 세계에서 가장 많이 소비되는 소금은 암염이고 암염은 생성된 장소와 조건에 따라 성분이 다르지만 대부분 염화나트륨(NaCl)의 함량이 높다. 이런 암염이 천일염 등보다 좋은 대접을 받았다고 한다. 암염은 바닷물이 천천히 거의 순수하게 염화나트륨만 결정화된 것이라 돌처럼 단단하다. 쓰기 좋게 잘게 부수려면 상당한 노력이 필요하지만 염화나트륨의 순도가 높아 맛이 좋았다.

천일염에 많은 칼슘, 마그네슘, 칼륨은 과다할 경우 강한 쓴맛을 보여서 천일염의 제조시 3년간 숙성하면서 이들의 함량을 낮춘다. 꽃소금은 소금을 녹여 다시 재결정 하는 방법으로 만든 것으로 불순물이 제거되고 염화나트륨의 순도가 높아져 천일염보다 더 짠맛을 내고 쓴맛이 적다.

포화 소금물 한 방울을 슬라이드글라스에 떨어뜨리고 물을 증발시키면 쉽게 소금 결정이 형성되는 과정을 확인할 수 있다. 이렇게 만든 결정은 안쪽이 파여 있다. 소금물이 증발될 때 수면의 농도가 먼저 진해지기 때문에 수면부터 결정이 생기기 시작하기 때문이다. 먼저 생긴 수면의 결정에서 다른 결정이 계속 성장하기 때문에 가운데가 비어있는 상태로 성장하게 된다.

바닷물에서소금의 결정화는 탄산칼슘, 황산칼슘 그리고 염화나트륨 순으로 일어난다. 칼륨과 마그네슘은 결정화가 잘 일어나지 않아 끝까지 결정화되지 않고 남아서 간수의 성분이 된다. 이런 결정화는

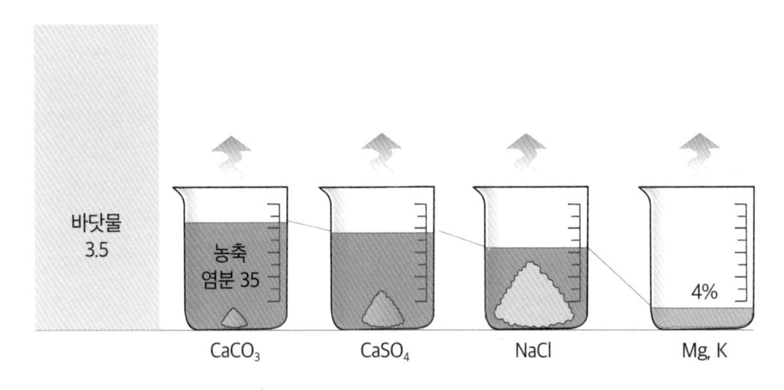

그림. 바닷물에서 미네랄이 결정화 되는 순서

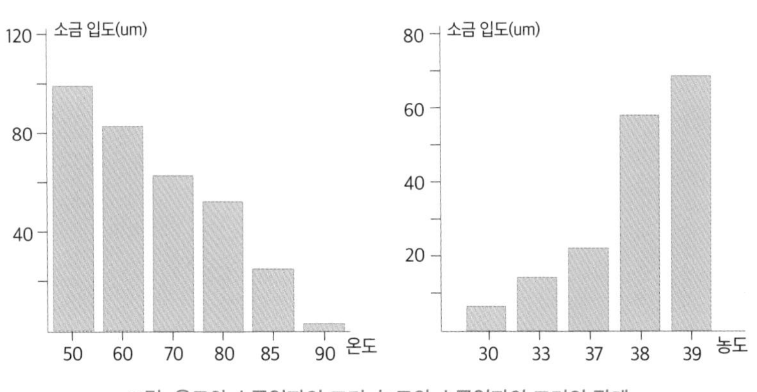

그림. 온도와 소금입자의 크기, 농도와 소금입자의 크기의 관계

온도가 높을수록 힘들어 입자의 크기가 작아지고, 농도가 높을수록 빨라져 결정의 크기가 커진다. 소금물의 농도와 온도에 따라 소금의 결정크기 성분이 달라지는 것이다. 이런 특징을 잘 보여주는 것이 자염이다.

충남에서 태안에는 자염생산을 복원한 곳이 있다. 자염은 바닷물을 불을 때서 건조시켜 만든 소금이라 노동력이 훨씬 적게 들고 대량생산이 가능한 천일염에 완전히 밀렸다. 그래서 1950년대를 전후해 맥이 완전히 끊겼는데, 태안에서 2002년 복원을 한 것이다. 자염은 생각보다 복잡한 공정과 고된 노동을 필요로 한다. 함수를 끓여서 소금을 생산하는 제염방식은 막대한 연료가 소비되었으므로 생산비가 높을 수밖에 없었다. 이미 조선전기부터 제염지의 주변 산지는 민둥산

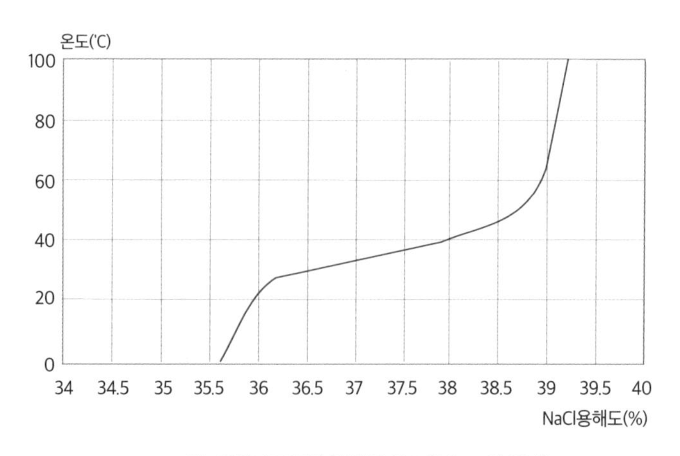

그림. 염화나트륨의 결정화 온도와 농도의 관계

으로 변해갔다. 특히 서해안은 제염업이 발전한 만큼 연료의 소비가 많았는데 원료를 구하는 과정에서 관청 및 산주인과 마찰이 끊이지 않았다.

바닷물은 소금이 3.4% 들어 있고, 소금이 결정화되려면 이보다 10배 농축을 해야 한다. 이 과정에서 연료를 줄이기 위해서 바다에서 미리 바닷물을 농축해야 한다. 바닷물을 10배 농축하는 것은 힘들지만 2.5배 농축하는 정도는 가능하다. 그 바닷물을 퍼와서 솥에 넣고 가열하여 농축을 하는데 상당한 기술이 필요했다. 결정화 온도와 농도 그리고 결정 씨앗의 사용에 따라 소금의 색, 맛, 입자 등 품질과 생산성이 완전히 달라지기 때문이다. 간쟁이는 소금의 농도를 알기 위해 송진을 따서 송진 속에 콩알만한 돌을 넣고 송진을 동그랗게 뭉치고 거기다 노끈을 막대기에 달아서 소금물에 담궈 농축의 정도를 측정했다고 한다. 그렇게 농도와 결정화 조건이 잘 맞아야 소금이 정상으로 나왔다. 만약에 바닷물을 그대로 말리면 마그네슘과 칼륨이 대량으로 함유되고 그만큼 쓴맛이 강해서 제 대접을 받기 힘들게 된다. 맛있는 자염을 만드는 기술은 단순히 바닷물을 불로 말리는 것이 아니라 고도의 결정화 기술이었던 것이다.

원료의 입도도 맛의 일부이다

소금의 품질에는 성분 못지않게 결정의 형태도 중요하다. 암염은 돌처럼 크고 단단하여 잘게 부수어야 쓸 수 있다. 코셔 소금은 유대

율법에 따라 만들어진 약간 거친 입도가 있는 소금이다. 요리사는 원래 목적인 종교적 의미가 아니라 손가락으로 집어서 뿌리는 양을 조절하기 좋기 때문에 선호하기도 한다. 어떤 소금회사는 코셔 소금을 특화시켜 작은 피라미드 형태로 만든 뒤 음식에 뿌리면 빨리 녹으면서 표면에 잘 달라붙게 만들었다. 사람들은 이 소금을 일반 소금보다 더 짜다고 느끼기도 하는데 이것은 녹는 속도가 빠르기 때문이다.

혀로 느낄 수 있는 입자크기는 대략 20㎛(0.02mm)이다. 이보다 크면 가루가 있는 것이 느껴진다. 그래서 초콜릿을 만들 때 설탕과 같은 결정은 입자감이 느껴지지 않도록 고가의 장비를 이용하여 20㎛ 이하로 분쇄한다. 그런데 적절한 입자는 다양한 리듬을 준다. 완전히 녹

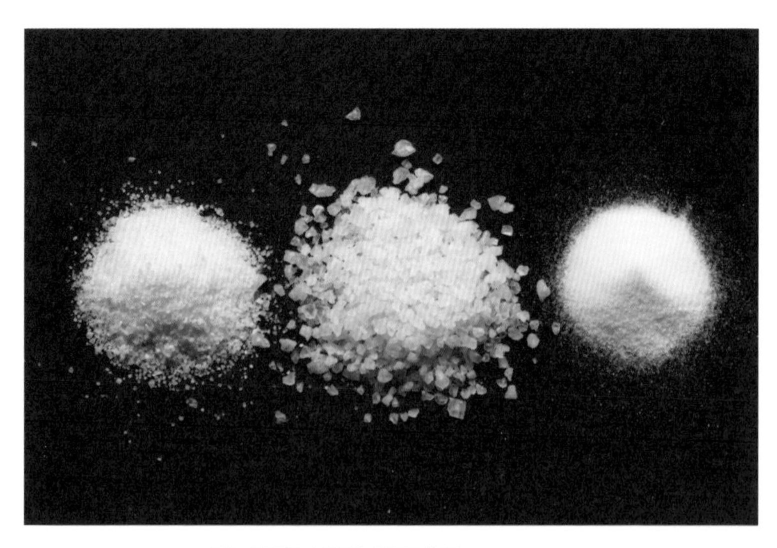

그림. 다양한 소금의 입자의 형태 출처_shutterstock

아 있는 소금과 드믄 드문 입자로 뿌려진 소금은 동일한 양의 소금이지만 아주 다른 맛의 효과를 줄 수 있다. 그래서 어떤 요리사는 고기를 구울 때 가는 소금 대신 일부로 굵은 소금을 사용하여 소금 입자가 침에 의하여 녹을 때 느껴지는 맛의 경험과 강인한 인상을 주기도 한다. 맛의 기쁨은 예기치 못했던 다양한 자극에 의한 크게 증가하기 때문이다.

말돈 소금의 결정화 사례

말돈(Maldon) 소금은 강수량이 낮은 영국 에식스(Essex) 동쪽 해안에서 만들어진다. 피라미드 모양의 플레이크 소금으로 잘 부서지고

그림. 키프로스 소금의 피라미드 크리스탈 플레이크 출처_shutterstock

잘 녹아 사용이 편하고 쓴맛이 적다. 그들이 소금을 만드는 방식은 현대식 자염의 제조 방식이다.

에식스의 습지대 해안선 지역은 강우량은 적고 지속적으로 강한 바람이 불어 다른 지역보다 염도가 더 높다. 그런 바닷물을 끌어올려 모래로 걸러 내고 침전 탱크에서 불순물을 가라앉도록 한다. 그런 다음 팬에서 증발 과정을 통해 고농도의 염수로 만든다. 그리고 특별한 결정화 과정을 거치는데 염수의 농축에 따라 부분적인 결정화가 발생한다. 표면에 소금 입자가 생성되어 떠오르면 결정의 씨앗 역할을 하는 소금 입자를 넣고 결정화시킨다. 입자가 커져 바닥으로 떨어져 가라앉는 과정에서 눈처럼 입자가 자라서 피라미드 구조를 얻게 된다. 말돈 소금을 만드는 핵심은 바닷물을 무작정 건조시키는 것이 아니라 원하는 성분과 입자의 형태를 가질 수 있도록 정확한 온도와 농도 그리고 공정을 유지하는 것이다.

온도를 정밀하게 관리하면 결정의 핵이 표면 아래로 살짝 가라앉으면서 그 위해 새로운 결정이 형성되기 시작한다. 그런 과정이 반복되면서 점점 피라미드 형태의 결정이 완성된다. 그리고 이 피라미드 형태의 입자가 어떤 사이즈 이상이 되면 바닥에 가라앉게 된다. 그것을 수작업으로 긁어모아 건조기에서 말리게 된다.

구은 소금, 소금을 구우면 성분이 일부 변한다

염화나트륨은 800℃ 이상에서 구우면 용융되어 액체가 된다. 그리고 1465도 이상 가열하면 기화되어 사라진다. 구은 소금을 만드는 것은 염화나트륨이 액체가 되고 기체가 되지 않는 온도범위에서 만들어진다. 이렇게 소금을 굽는 과정에서 가장 크게 변하는 것은 마

[표] 염화나트륨의 이화학적 특성

항목	규격
밀도	2.17 g/cm3
녹는 온도	800.7˚C
끓는 온도	1465˚C
용해도	36g/100g물, 25˚C

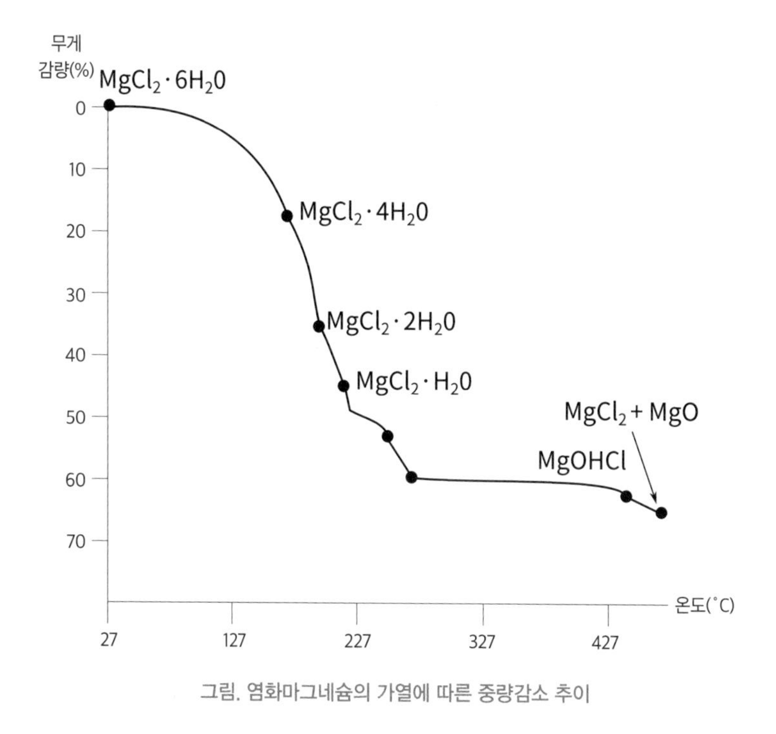

그림. 염화마그네슘의 가열에 따른 중량감소 추이

그네슘의 형태이다. 마그네슘은 통상 물 분자 6개가 결합한 6수화물($MgCl_2 \cdot 6H_2O$)의 형태인데 가열 중에 물이 빠져나가고 최종적으로는 산화마그네슘(MgO)이 된다. 소금을 고작 1400도 까지 굽는다고 어떤 미네랄이 분해되거나 합성이 일어나지 않지만 분자레벨의 변화는 있고, 기화점이 낮은 것들은 기화되어 사라질 수 있다.

2

바닷물을 그대로 동결건조하면 이상적인 소금일까?

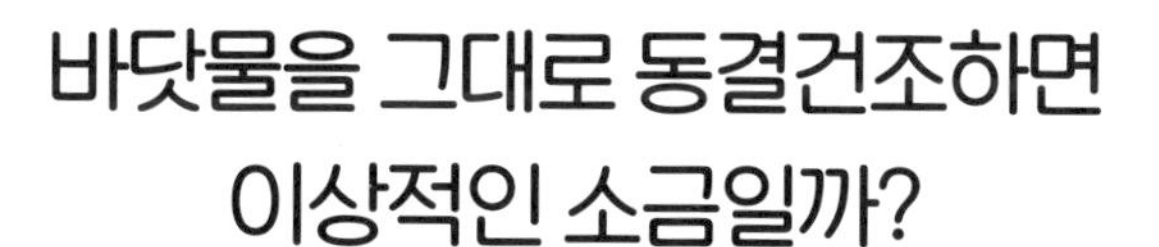

천일염은 아무리 먹어도 문제가 없을까

과거에 정제염은 화학 소금이라 나쁜 소금이고, 천일염은 미네랄이 풍부해 아무리 먹어도 좋은 소금이라고 주장하는 사람도 있었다. 황당한 주장이다. 정제염은 염도가 98퍼센트 이상이고 천일염은 염도가 80~90퍼센트 정도이다. 천일염은 염도가 낮으니 정제염과 똑같은 양을 쓰면 나트륨을 10~20퍼센트 적게 먹을 수 있겠지만, 동일한 짠맛을 내기 위해 양을 늘리면 어차피 먹는 나트륨의 양은 같다.

천일염의 10~20퍼센트가 특별한 미네랄이라도 되는 것처럼 말하는 사람들이 있는데 사실 그 양의 대부분 물이다. 바닷물의 대부분은 염소Cl와 나트륨Na이고 황산SO_4과 마그네슘Mg이 그 다음으로 많다. 황산은 미네랄도 아니고 우리 몸에 필요한 성분도 아니다. 황산 다음으로 많은 것이 마그네슘인데 맛이 너무 쓰다. 천일염을 3년 동안 묵히는 결정적인 이유가 이 마그네슘을 빼기 위함이다. 칼슘도 쓴맛이고 묵히면 마그네슘과 함께 감소한다.

우리나라 천일염은 염전에서 바닷물을 급속히 증발시키므로 바다 속 잡다한 물질이 함께 결정화된다. 그래서 염화나트륨 이외의 성분이 많지만 천일염을 창고에서 오래 보관하면 염화나트륨NaCl을 제외한 나머지 성분이 배출되어 점점 염화나트륨의 함량만 높아진다. 육지에 존재하는 암염도 천일염과 똑같은 바닷물이 햇빛에 건조되어 만들어진 소금이지만 매우 천천히 결정화되고 오랜 시간이 경과한 것이라 염화나트륨을 제외한 대부분의 미네랄을 결정 밖으로 배출해, 암염은 순도 98퍼센트 정제염과 같은 성분이다. 천일염인 호주산 소금도 염화나트륨 함량이 98퍼센트 수준이다. 여의도 크기의 깊은 염전에서 1년 이상의 시간을 두고 천천히 증발시켜 만든 것이라 순수한 염화나트륨만 결정화되어 순도가 높은 것이다.

사실 정제염을 만드는 것이 천일염보다 비용이 많이 든다. 그렇게 비용을 더 들여가면서 정제염을 만드는 이유는 바닷물의 불순물을 제거하라는 법규 때문이다. 이때 소금을 제외한 나머지 성분이 제거되는 것이지 미네랄을 줄이기 위해서 정제하지는 않는다. 천일염은 숙성할수록 마그네슘 등의 미네랄이 제거되는데 그러면 숙성이 좋은 천일염을 나쁜 천일염으로 바꾸는 과정이라는 이상한 주장이 되어버린다.

사실 천일염의 마그네슘 함량도 과장된 것이다. 천일염에 마그네슘 1% 전후로 있는 때는 염전에서 막 천일염을 만들었을 때 일뿐이다. 그런 소금을 김장 등에 쓰면 쓴맛이 심하여 상품성이 없다. 그래서 충분히 묵힌 소금을 판매하는데 이때는 물과 함께 마그네슘, 칼륨 등이 빠져나간다. 마그네슘 함량은 결국 절반 이하로 줄어든다. 그러면 외국의 천일염과 성분 차이가 별로 없다. 간수가 빠져나가는 숙성의 과정은 맛에서 장점이 있지만 바다의 오염원도 같이 빠져나가고, 미생물은 사멸되어 사라지는 장점이 있다. 그래도 위생적인 측면에서는 여전히 정제염보다 떨어진다. 사분의 규격이 0.2% 이하인데 0.03~0.11% 정도 있고, 불용분의 규격이 0.15% 이하인데 0.01~0.07%로 정도 있다. 이들이 염려할 수준은 전혀 아니지만 정제염보다 훨씬 많은 것은 사실이다.

사실 염화나트륨을 제외한 다른 미네랄이 많을수록 좋은 소금이라면 세계 최고의 소금은 사해 소금일 것이다. 사해는 사방이 완전히 닫혀 호수화 된 후 계속 물이 말라 해수면보다 421미터나 낮아졌다. 그래서 바닷물보다 염도가 10배나 높은 상태이고, 그 덕분에 부력이 높아 몸이 저절로 뜨기 때문에 헤엄칠 필요도 없다.

사해는 바닷물이 조금씩 증발하면서 농도가 높아져 밑바닥에는 이미 상당량 염화나트륨이 침전해있고, 바닷물에는 결정화가 느린 마그네슘의 비율이 높다. 따라서 사해 바닷물을 건조시키면 염화마그네슘($MgCl_2$)의 비중이 가장 높아 50.8%이고, 염화나트륨은 30.4%, 염화칼슘 14.4%, 염화칼륨 4.4%인 소금이 된다. 이런 소금이 건강한 소금이기는커녕 직접 식용하면 위험할 정도로 맛에도 건강에도 좋지 않다.

사해의 바닷물 자체도 염도가 높은 만큼 독성도 강하다. 물고기가 살지 못하고, 건강한 성인일지라도 바닷물을 많이 삼키게 되면 위험하기 때문에 병원으로 이송해서 위세척을 실시해야 할 정도이고, 건강상태가 좋지 못한 노인들의 경우 사해물을 조금만 삼켜도 혈압이 올라가고, 심한 경우 호흡곤란, 심장발작이 나타날 수 있다.

결국 좋은 소금이란 사용하는 용도에 맞고, 깨끗한 정도면 충분할 것이다. 소금 가격은 정말 저렴하다. 1년 먹을 양을 1000원 이하로도 구입할 수 있다. 저렴한 가격 덕분에 우리는 소금을 마음껏 사용할 수 있다. 소금은 세상에서 가장 강력한 맛 성분이고, 가격마저 저렴하니 필요량보다 많이 쓰면서 그 죄를 마치 나트륨 자체가 무슨 잘못이나 문제라도 있는 생각하는 것은 큰 잘못이다. 우리는 맛있지만 비싸면 많이 먹지 못하고 그 아쉬움으로 찬양이나 숭배를 하고, 맛있고 저렴하면 많이 쓰고, 그렇게 발생한 문제를 마치 그 물질에 있는 양 비난을 하는 아주 나쁜 습성이 있다. 식품(식재료)의 가치를 있는 그대로 평가할 수 있는 능력이 필요한 것이다.

왜 천일염 대신 정제염을 쓰도록 한 것일까?

천일염은 1963년 제정된 염관리법에 의해 광물로 분류되었고, 1992년에는 급기야 식품공전에서 제외되었다. 천일염이 1907년 처음 경기도 주안에서 72톤(ton)이 생산된 이래 여러 식품에 쓰였는데 1963년 염관리법의 제정으로 45년간 식품도 첨가물도 아닌 광물질로 취급받아온 것이다. 그러다 2008년 3월 28일부터 천일염은 다시 식품으로 인정받게 되었다.

식품에 천일염 대신 정제염을 사용하게 한 것은 '불순물' 때문이다. 다양한 오염물질과 중금속이 바다로 흘러 들어가기 때문에 바닷물에서 그대로 만든 소금이 중금속 등의 오염물에서 자유로울 수는 없다고 판단한 것이다. 예전에는 중금속에 대한 우려가 지금보다 훨씬 심각했고 중금속이 함유되었을지 모르는 천일염을 무작정 식품원료로 허용하기는 쉽지 않았다. 지금도 천일염은 중금속, 환경물질, 세균 등으로부터 완전히 자유로울 수는 없지만 실제 그런 것의 영향은 미미하고 그보다는 장점이 많다고 식품으로 인정받은 것이다.

현재 인류가 가장 많이 먹는 소금은 암염이다. 히말라야 산맥에서 캐왔다는 '핑크솔트'와 '블랙솔트', 안데스 산맥에서 났다는 '로즈솔트'가 대표적이다. 암염은 염화나트륨이 98% 이상이어서 정제염과 차이가 거의 없고 소금이 귀할 때 이들 암염은 많은 사람의 생명줄이었다. 과학자 누구도 정제염 대신 천일염을 먹으면 나트륨을 걱정할 필요가 없다고 말하지 않는다.

소금(NaCl)에서 나트륨(Na)보다 훨씬 위험한 것이 염소(Cl)일 수 있다. 바닷물에서 쇠가 쉽게 녹스는 것은 이 염소 때문이고, 살균수와 많은 살균제들이 이 염소를 함유하고 있다. 심지어 전쟁에서 염소(Cl_2)

를 독가스로 사용되기도 하였다. 물론 이 염소에 물속에 녹아 이온상태인 염소(Cl^-)는 그 성질이 완전히 다르지만 말이다. 우리는 소금을 먹지 나트륨을 따로 먹지는 않는데 왜 염소보다 안전한 나트륨만 줄여야 하는 것처럼 나트륨 저감화 운동을 하는 것일까?

나트륨이 문제가 되는 것은 역설적으로 내 몸에 쓸모가 더 많아서이다. 우리는 매일 10g 정도의 소금을 먹지만, 그만큼 소금이 배출되기에 우리 몸의 체액 농도는 일정하게 유지된다. 그런데 나트륨과 염소이온 중에서 염소이온이 소변을 통해 더 많이 배출된다. 나트륨은 필요에 의해 혈액에 고농도를 유지하는 바람에 욕을 먹고, 염소(Cl^-)는 기능의 일부가 탄산(HCO_3^-)에 의해 대체되기 때문에 낮은 농도로 유지되기에 욕을 적게 먹는 것이다. 나트륨도 쓸모가 적었으면 빨리 배출되어 욕을 덜 먹었을 텐데, 그 쓸모 때문에 덤터기를 쓴 것이다. 소금의 독성은 종류에 있지 않고 양에 있다. 필요한 양만큼만 먹으면 생명의 지킴이요, 과량을 먹으면 모든 미네랄과 마찬가지로 유해하다.

왜 어떤 지역에서는 소금에 아이오딘(아이오딘)를 첨가할까

전통적으로 몽골인들이 귀한 손님들에게 내놓는 수테 차에는 소금이 들어간다. 기후가 건조하고 소금기를 섭취할 기회가 적은 몽골인들은 차를 마시면서 염분을 보충하는 것이다. 차를 끓일 때는 소금을 넣는 시기가 중요하다고 한다. 소금이야말로 온갖 화학반응의 촉매역할을 할 수 있기 때문이다. 소금을 일찍 넣으면 차의 맛과 색이 금방 달라진다고 한다. 그래서 소금은 가장 나중에 넣는 것이 좋다고 한다.

이런 몽골처럼 내륙국에서는 대부분 암염을 사용한다. 안데스산맥에 고도의 문명을 일군 케추아족(인디오의 주류)도 소금광산을 신의 선물로 인식하고 있다. 그런데 암염은 정제염처럼 염화나트륨의 함량만 높은데, 이런 암염을 먹을 때 결핍되기 쉬운 미네랄은 마그네슘이나 칼륨이 아니라 아이오딘(요오드)이다. 암염에는 아이오딘이 포함되어 있지 않아 갑상선 질환을 앓는 사람들이 많다. 그래서 몽골에서는 소금은 물론 수돗물에도 의무적으로 아이오딘을 포함시키고 있다.

아이오딘은 하루에 150㎍을 섭취하기를 권장하는데 흡수된 아이오딘은 70~80%가 갑상샘에 존재하면서 갑상샘 호르몬 합성과 에너지 생성 그리고 신경발달에 중요한 역할을 한다. 세계 인구의 3분의 1 정도가 아이오딘이 부족한 편인데, 너무 부족하면 어른은 갑상선종(goiter)이 유발되고, 어린이는 성장 지연과 인지기능의 손상, 태아에게 크레틴병을 초래할 수 있다. 그래서 1924년부터 암염과 같이 아이오딘이 부족한 소금에 아이오딘화칼륨이 첨가되기 시작했다. 원래는 갑상선종(goiter)을 줄일 목적이었는데, 두뇌 발달에도 중요한 역할을 하는 것이 발견되었다. 첨가지역과 아닌 지역의 지능지수에 상당한 차이를 보인 것이다.

문제는 아이오딘을 과다섭취해도 질병이 유발된다는 것이다. 갑상선기능항진증에 걸리면 체중 감소와 심한 피로, 두통이 6개월 이상 지속되며 심할 경우 사망에까지 이를 수 있다. 아이오딘은 소금보다는 해조류에 많은데, 한국인은 세계에서 가장 많이 해조류와 생선 그리고 채소를 먹는다. 그래서 아이오딘을 해조류(65.6%), 채소류(18.0%), 생선류(4.8%)를 통해 권장 섭취량의 두 배 이상을 섭취한다. 심지어 한국인의 8% 정도는 하루 평균 4885㎍ 즉 권장량의 33배에 이르는 양을 매일 먹는다. 문제는 아이오딘을 하루 1154㎍ 먹는 사람(상위 20%)은 139㎍ 먹는 사람(하위 20%)보다 갑상선 질환에 걸릴 위험이 1.63배 높다는 것이다. 일본에서는 해조류를 거의 매일 먹는 사람이 주 2회 이하 섭취하는 사람보다 갑상선암 발생 위험이 3.8배 높았다는 연구 결과도 있었고, 해조류가 든 간식을 다이어트 식품으로 여겨 과다 섭취한 20세 일본 여성에서 갑상선 기능저하증이 나타났다가 그 간식의 섭취를 중단하자 갑상선 기능이 정상으로 회복된 사례도 있다. 한국인은 아이오딘의 부족이 아니라 과다섭취가 문제이니 그 측면에서는 천일염보다 정제염이 유리하다.

그런데 한동안 아이오딘이 현대판 보약으로 둔갑한 사건도 있었다. 일본 정부에서 후쿠시마 원전 주변 대피센터에 아이오딘 약을 보급하면서부터이다. 원전 사고가 발생하면 아이오딘과 세슘, 스트론튬 같은 방사성 물질이 만들어지는데 이 중에 폭발 초기에는 아이오딘 방출량이 가장 많다. 이것은 우리 몸이 흡수되면 갑상샘에 모이게 되는데 그것으로 인해 갑상샘암이 급증하게 된다. 이것에 대한 유일한 치료법이 방사능 아이오딘 노출 환자에게 하루에 130mg 즉 권장량의 1,000배 정도의 아이오딘화칼륨을 복용시키는 것이다. 몸 안에 과도

한 아이오딘은 방사성 아이오딘이 흡수되는 것을 억제하거나 흡수된 것을 희석하는 효과를 기대하는 것이다.

방사성 아이오딘은 우리나라에 오지도 않았는데 아이오딘 함량이 턱도 없이 부족한 종합영양제가 방사능 예방약으로 호도된 것이다. 보통의 종합비타민제에 들어있는 아이오딘은 0.1mg 정도이다. 다시마(건조, 179mg/100g), 미역(건조, 8.7mg/100g), 김(건조, 3.6mg/100g)같은 해조류와 멸치(건조, 219~284mg/100g), 굴(생것, 126mg/100g)을 통해 섭취하는 양보다 매우 적은 양이다.

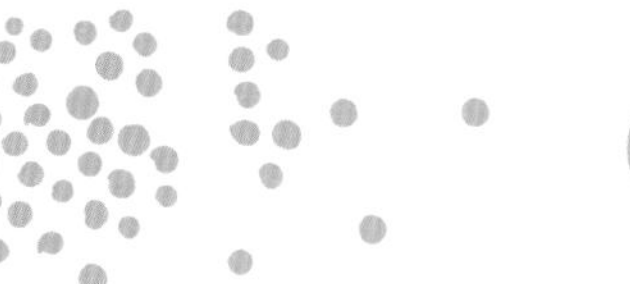

소금에 포함된 미네랄의 특징

한동안 국산 천일염이 미네랄 함량이 높아서 건강에 좋다고 자랑했는데 프랑스의 게랑드 천일염이 많다는 것이다. 특히 국산 천일염의

[표] 천일염의 기타 미네랄 함량 〈자료: 전남 보건환경연구원〉

구분	미네랄 (mg/kg)		
	칼슘	칼륨	마그네슘
한국	1429	3067	9797
프랑스(게랑드)	1493	1073	3975
중국	920	1042	4490
베트남 일본	761	837	3106
호주 멕시코	349	182	100

마그네슘 함량은 평균 1%(9797mg/kg) 정도로, 게랑드 천일염의 2.5배에 달한다는 것이다. 그런데 칼륨, 마그네슘, 칼슘은 어떤 특징이 있을까

바다에 가장 많은 것은 염소와 나트륨이고 그다음으로 많은 것은 황산염(SO_4)이다. 그 다음이 마그네슘, 탄산, 칼슘, 칼륨이다.

A. 칼륨(K^+)은 짠맛과 함께 쓴맛이 난다

칼륨(K, potassium)은 나무를 태우고 남은 재를 물로 우려낸 "잿물"(potash)로부터 분리되었기 때문에 붙여진 이름이다. 잿물에서 탄산칼륨(K_2CO_3)이 발견된 것은 그만큼 식물에 흔하기 때문이고, 또한 그만큼 식물을 많이 필요하기 때문이라, 칼륨염의 주요한 용도는 식물용 비료이다. 칼륨이 특히 많은 과일로는 수박 바나나 키위 딸기 등

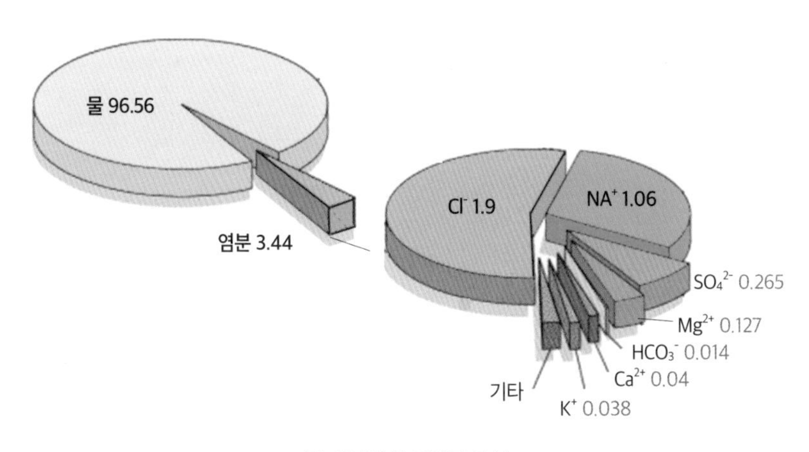

그림. 바닷물의 미네랄 조성

이 있고, 채소는 버섯 호박 미역 시금치 쑥 부추 상추 등이 있다.

칼륨은 미네랄 중에 1일 섭취권장량이 가장 많은 미네랄이다. 그럼 미네랄중에 가장 다양한 기능을 할 것 같지만 막상 그 기능은 다른 미네랄에 비해 단순한 편이다. 세포 내의 삼투압을 만들어 수분평형을 유지하는 기능을 한다. 혈당이 글리코겐으로 전환되어 저장되거나, 단백질이 저장될 때 칼륨과 함께 저장된다. 신경 흥분과 자극전달을 조절하여 근육의 수축과 이완을 조절하며, 다량 섭취 시 나트륨의 배설을 증가시켜 혈압을 강하시키는 효과도 있다. 칼륨은 식물에 풍부하고 소장에서 빠르게 흡수된다. 땀으로도 배설되지만 주로 콩팥(신장)에서 배출과 재흡수량을 조절하여 정상 상태를 유지한다.

우리 몸에 존재하는 칼륨은 성인의 경우 140g정도다. 체세포 안에 미네랄 중에 가장 많은 양을 차지하며 세포 안의 삼투압과 산알칼리 평형에 핵심적인 역할을 하는 미네랄이다. 혈장 중의 칼륨은 근육 및 신경의 기능조절에 필요하고 이것이 너무 저하되면 근육마비를 일으킨다.

칼륨은 채소 등 식물에 많이 함유되어 있으며, 일반적인 식사 상태에서는 결핍을 일으키는 일은 없다. 한편 만성 콩팥질환자가 과일, 채소 등을 너무 많이 먹으면 칼륨이 독이 될 수 있다. 콩팥 기능이 떨어져 소변으로 배출되는 칼륨이 줄어들면 칼륨이 축적되어 큰 부담으로 작용한다. 우리는 지금 소금을 너무 많이 먹어서 부작용이 있다고 나트륨 줄이기 운동을 하는데, 만약에 칼륨이 나트륨보다 맛있어서 우리가 소금만큼 칼륨을 사용한다면 그 부작용은 훨씬 심각할 것이다.

사실 아주 과도한 칼륨은 현대판 사약의 역할도 한다. 미국을 제외한 모든 북미와 유럽의 국가는 사형이 폐지되었다. 미국의 몇몇 주들은 여전히 사형을 집행하고 있는데 이때 심정지용으로 사용되는 약물이 칼륨(염화칼륨)이다. 그리고 이탈리아의 간호사 다니엘라 포지알리는 환자 38명을 살해한 혐의로 체포되었는데 그녀가 사용한 물질도 염화칼륨이었다. 혈액에 한꺼번에 과도한 염화칼륨이 주사되면 세포를 둘러싼 체액에 과량의 칼륨이온이 존재하고, 이로 인해 신경자극을 위해 칼륨이온이 세포 밖으로 이동하는 것을 막게 되어 심장 박동이 멈추게 된다.

바다에도 칼륨이 많아 바다에 가장 많은 자연 방사능물질도 칼륨이고 식품으로 섭취하는 방사능물질 중에 가장 많은 것도 칼륨이다. 바다에는 물론 염소와 나트륨이 훨씬 많지만 이들은 방사성 동위 원소가 없어서 방사선을 내지 않지만 칼륨은 방사성 동위 원소가 있다. 실제 45억년 전 지구가 처음 생겼을 때 가장 많았던 방사성 물질은 칼륨(K40)이었다. 칼륨은 우라늄(U238)이나 토륨(Th232) 보다는 반감기가 짧아서, 그 사이에 많이 사라졌지만 여전히 3번째로 많다.

땅에 방사성 물질로는 우라늄과 토륨이 더 많지만 식물은 이들을 흡수하지 않고 칼륨만 흡수하기 때문에 방사성 칼륨도 같이 흡수된다. 그래서 우리 몸 안에 가장 많이 존재하는 방사성 물질도 칼륨이다. 음식을 통해 꾸준히 들어오는 것이다. 체중이 70 kg인 사람에는 약

140g의 칼륨이 있는데, 이 중에 0.0117%가 방사성 칼륨(K-40)이라 우리 몸 안에 방사성 칼륨이 0.0164g 있는 것이다. 무게로는 아주 작아 보이지만 숫자로는 2.46×10^{20}개로 아주 많다. 이것들은 13억년에 절반이 붕괴되는 속도로 천천히 붕괴하지만 그래도 초당 4,300개가 붕괴되면서 방사선을 낸다.

B. 마그네슘(Mg^{2+})은 매우 쓴맛이 난다

천일염에 염화나트륨 다음으로 많은 것이 마그네슘(Mg)인데, 마그네슘은 엽록소(chlorophyll)의 구성성분이므로 녹색잎 채소에 많이 함유되어 있고, 견과류, 두류 및 곡류 식품에도 풍부하다. 소장은 위에서부터 십이지장, 공장, 회장으로 구분하는데 마그네슘의 흡수는 주로 공장과 회장 부위에서 단순 확산 및 능동수송에 의해 이루어진다. 평상시 마그네슘 흡수율은 약 40~60%이며 마그네슘이 부족할 경우 흡수율이 75%까지 높아지고, 많을 때는 25%정도로 낮아진다. 우리 몸이 필요에 따라 흡수량을 조절하는 것이다.

마그네슘은 단독으로 있지 않고 염화마그네슘($MgCl_2$) 같은 형태로 존재하며 이것은 수분이 없는 무수물 외에 2, 4, 6, 8, 10, 12 수화물 등이 있으나, 보통은 6수화물($MgCl_2 \cdot 6H_2O$)로 존재한다. 무수물은 무색의 결정성 분말로, 녹는점은 712℃, 끓는점은 1,412℃이고 흡습성이 강하고 물과 알코올에 잘 녹는다. 무수물은 산업용으로 쓰이고, 육수화물($MgCl_2 \cdot 6H_2O$)이 두부의 제조나 양모의 정제, 황산지의 제조 등에 사용된다. 염화마그네슘을 고온으로 가열하면 마그네슘과 결합된 수분이 점점 기화하게 제거되어 최종적으로는 산화마그네슘(MgO)이 된다.

마그네슘의 2가 이온이라 흡수될 때 칼슘처럼 다른 미네랄의 영향을 받는다. 다량의 칼슘과 함께 섭취할 때는 마그네슘 흡수가 감소될 수 있고, 식물의 껍질에 많은 피트산은 마그네슘과 불용성의 염을 형성하여 흡수율을 감소시킨다. 식이섬유소 또한 마그네슘을 붙잡아 흡수율을 낮춘다. 우리 몸 안의 마그네슘 농도도 신장에 의해 조절되는데 사구체에서 배출된 마그네슘의 대부분이 재흡수 된다. 만약 신장의 사구체 기능이 심하게 손상되면 소변을 통한 마그네슘의 배설이 감소되어 혈청 내의 마그네슘 양이 증가하게 된다.

건강한 성인의 체내 마그네슘 보유량은 25g 정도이다. 이중에서 50~60% 정도가 뼈에 보관되고, 30% 정도는 세포 안에 존재하고, 1% 정도가 혈액에 존재한다. 실제 마그네슘이 사용되는 곳은 주로 세포 안이며 뼈는 마그네슘 저장고로 작용한다.

마그네슘은 칼륨이나 나트륨보다는 훨씬 적은 양이 존재하여 삼투압의 조절보다는 조효소의 역할이 중요하다. 마그네슘은 300종 이상의 효소체계에 있어 보조인자(cofactor)로서 작용하며, 에너지 생성과정에서 Mg-ATP 복합체의 일부로서 또는 직접 효소를 활성화시킴으로써 작용한다. 그리고 지방, 단백질 및 핵산의 합성, 근육의 수축 등 신경전달의 역할도 한다.

한편 마그네슘과 칼슘은 모두 2가 양이온이지만 서로 상반된 작용을 한다. 칼슘은 신경을 흥분시키고 근육을 긴장시키는 반면, 마그네슘은 신경전달 물질인 아세틸콜린의 분비를 감소시키고 분해를 촉진하여, 신경을 안정시키고 근육의 긴장을 이완시킨다. 따라서 마그네슘은 마취제나 항경련제의 성분으로 이용되기도 한다. 마그네슘이

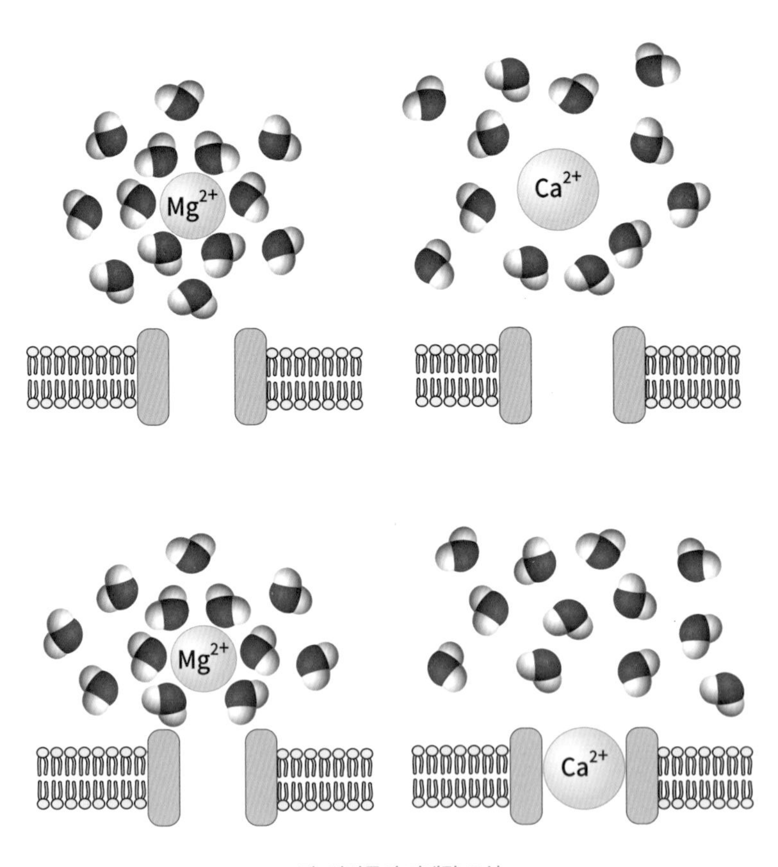

그림. 바닷물의 미네랄 조성

결핍되면 근육 경련, 고혈압, 관상혈관과 뇌혈관의 경련이 일어날 수 있다.

비슷한 성질을 가진 1가 양이온인 칼륨과 나트륨 중에 크기가 큰 칼륨은 세포 안에 있고, 크기가 작은 나트륨이 혈관에 있는데, 비슷한 성질의 2가 양이온인 칼슘과 마그네슘 중에 원자의 크기가 작은 마그네슘이 안에 있고, 크기가 큰 칼슘이 밖에 있어서 언뜻 이상해보이지만 실제 마그네슘은 주변에 항상 칼슘보다 많은 물을 붙잡고 있어서 마그네슘이 오히려 큰 원자처럼 작동한다.

마그네슘의 맛은 대단히 쓰다. 따로 먹으면 구토를 유발할 정도로 쓰다. 천일염에서 간수를 빼는 것이 이런 마그네슘을 줄이려는 목적이기도 하다. 그런데 단백질과 결합한 상태에서는 전혀 쓴맛으로 느껴지지 않고 오히려 감칠맛으로 느껴진다. 그래서 두부를 만들 때 칼슘으로 응고시킨 것보다 마그네슘으로 응고시킨 것이 맛이 좋다. 소금이 자체로는 짜지만 음식에 적당량 넣으면 짜지 않고 맛있는 것과 비슷한 현상이다. 고농도에서는 아주 나쁜 맛인 미네랄도 아주 낮은 농도이거나 다른 성분과 어울릴 때는 좋은 맛으로 작용할 때가 많다. 맛은 항상 적절한 농도, 적절한 상황을 만들어 판단할 필요도 있다.

칼슘(Ca^{2+})은 돌이 되기 쉽다

칼슘은 인산과 함께 뼈를 구성하는 미네랄이자 핵심적인 신호전달물질이다. 그래서 세포 안에 칼슘 이온의 증가하면 1) 근육 수축, 2)

신경 접합 부위에서 신경 전달 물질의 방출, 3) 효소의 활성 변화 등이 일어난다. 이런 칼슘에 대한 예찬은 정말 많지만 칼슘의 부작용에 대한 이야기는 별로 없다. 사실 칼슘은 효능만큼이나 부작용도 심할 수 있는데 우리는 칼슘을 과도하게 먹지 않아 부작용에 대한 이슈가 작을 뿐이다.

그런데 음용수에서 칼슘은 그리 칭찬받지 못한다. 바다에서 증발되어 내리는 비는 증류수에 가깝다. 미네랄이 거의 없는 것이다. 빗물이 모인 호수나 강에서 끌어온 수돗물은 수 개 월 또는 수 년 간 땅속에서 머물렀다가 공급되는 지하수에 비해 미네랄 함량이 대체로 낮다. 지하수 중에 특히 탄산염 지역의 물은 화강암 지대에 비해 물의 미네랄

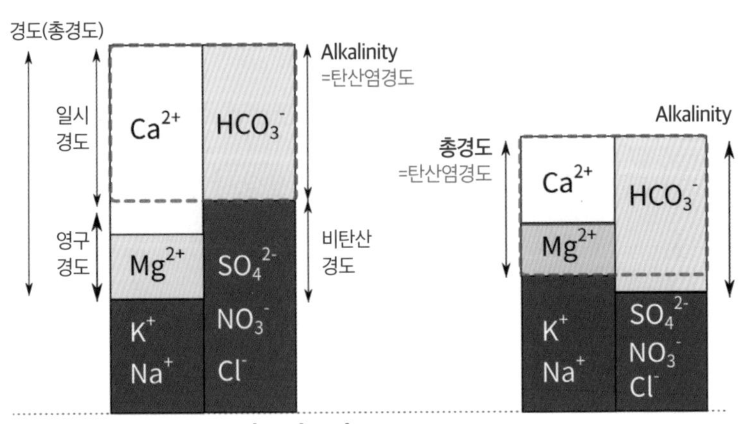

그림. 수질의 지표가 되는 미네랄

함량이 더 높다. 이때 가장 많은 것이 칼슘이다.

물의 수질을 말할 때 흔히 말하는 경도(hardness)는 '총 경도'를 의미하며 총 경도는 칼슘과 마그네슘의 총량이다. '탄산염 경도'는 해당 물에서 탄산염(스케일)을 형성할 수 있는 양으로 총 경도(칼슘+마그네슘)

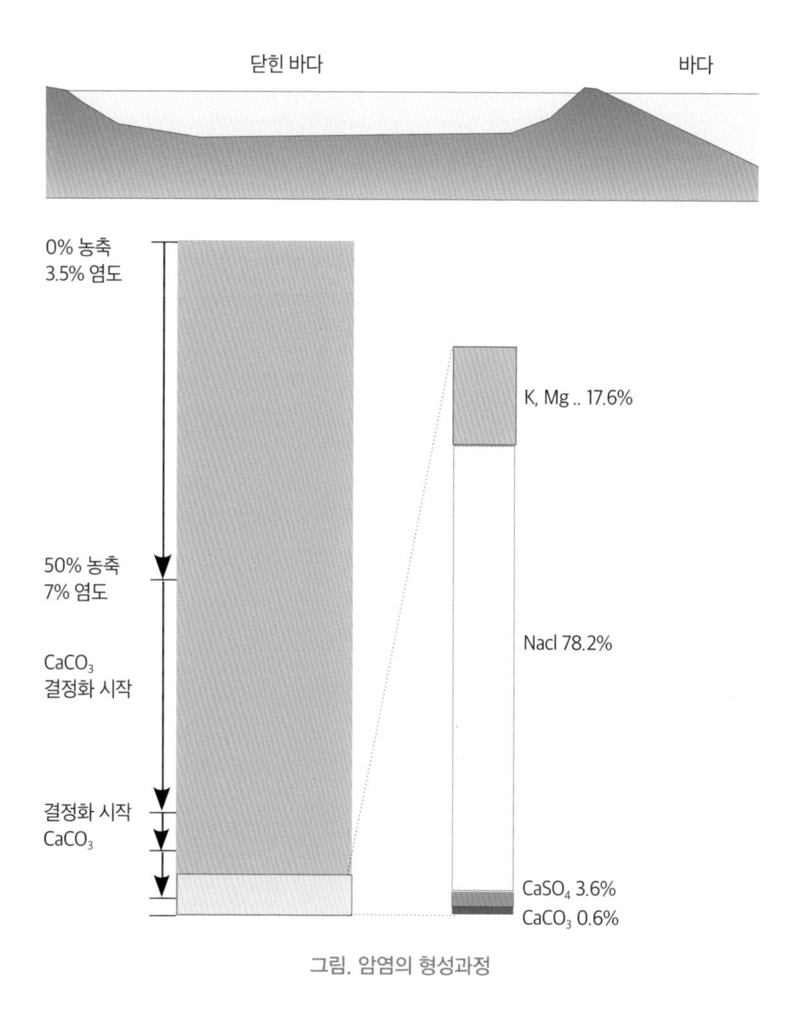

그림. 암염의 형성과정

와 알칼리도(탄산) 중에 낮은 값으로 정해진다. 스케일은 총 경도와 알칼리도가 같은 양만큼 형성되기 때문이다. 보통은 총 경도가 알칼리도보다 높다.

칼슘이 탄산과 결합하여 탄산칼슘이 되어 석출되기 쉽다는 것은 암염의 제조과정을 통해서도 잘 알 수 있다. 바닷물이 갇혀 마르기 시작하여 2배만 농축되어 염도가 7%가 되어도 탄산칼슘이 석출되기 시작한다.

탄산칼슘은 보일러 등의 기기에서 스케일을 형성할 수 있는데, 칼슘의 함량이 높은 경수를 사용하여 스케일이 형성되면 가열 효율이 감소(스케일층이 절연체로 작용)하고 밸브나 흐름을 막아 버린다. 탄산칼슘은 산성에서 용해도가 높고 알칼리일 때 용해도가 낮기 때문에 많은 국가에서는 기기의 수명을 늘리고 유지비를 줄이기 위해서 권장기준을 제공하고 기기 업체에서는 희석한 산 용액(맛이 거의 나지 않는 것)을 사용해 주기적으로 스케일을 제거하는 것을 권장할 정도이다. 그나마 우리나라는 이런 칼슘의 함량이 낮은 연수이다.

탄산수소이온(HCO_3^-)과 알칼리도

공기 중에 이산화탄소가 물에 녹으면 탄산이 형성된다. 탄산(H_2CO_3)은 약산으로, 물에 두 개의 양성자 중 하나를 방출하여, 1가 전하량을 가지는 탄산수소를 형성한다. 탄산수소도 원칙적으로 양성자 하나를 물에 방출하여 2가 전하량을 가지는 탄산염 이온(CO_3^{2-})을 형성할 수

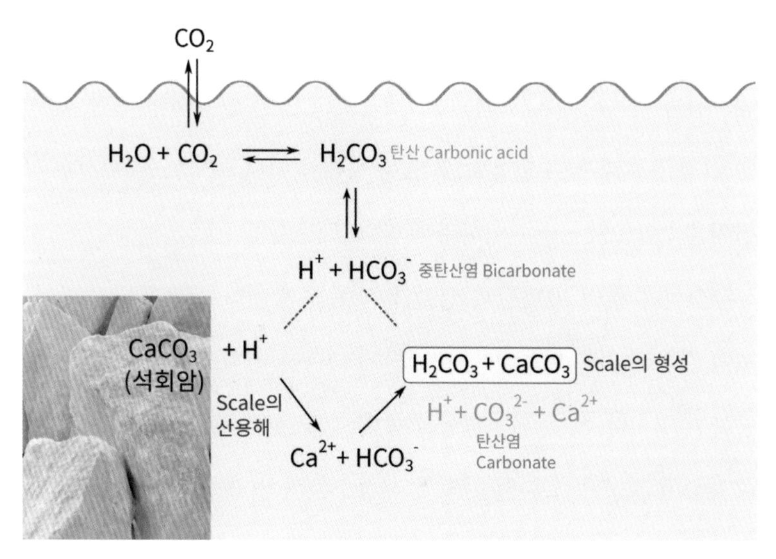

그림. 바닷물에서 탄산의 형성과 작용

있지만 이런 반응이 일반적인 상황에서 일어날 가능성은 낮다. pH 9 이상에서만 이 단계까지 진행되기 때문에 통상 탄산수소 이온(HCO_3^-) 상태다. 이런 탄산이온들이 칼슘과 결합하여 탄산칼슘을 형성한다.

$$CO_2(\text{용해}) + H_2O \leftrightarrow H_2CO_3$$

$$H_2CO_3 \leftrightarrow HCO_3^- + H^+$$

$$HCO_3^- \leftrightarrow CO_3^{2-} + H^+$$

황산(SO_4^{2-})이온은 우리에게 불필요한 성분

바닷물에 나트륨 다음으로 많은 것이 황산이온이다. 마그네슘의 2

배 이상이다. 황은 우리 몸에 필요한 필수원소로서 인체에 있는 원소 중 9위를 차지하여 나트륨, 마그네슘보다 많이 함유되어 있다. 하지만 이것은 우리 몸이 활용할 수 있는 형태가 아니고 먹는 물의 경우 황산이온 농도 250 mg/L 이하로 제한하고 있다.

황순환은 황이 미네랄과 생물체 사이를 왕래하는 과정을 말한다. 이와 같은 순환은 다른 많은 미네랄에 영향을 미치므로 지질학적으로 중요한 일이다. 황은 화산활동을 통해서 또는 지구표면의 풍화작용에 증가하며 지구에서 황의 마지막 저장소(종착점)가 바다가 된다. 최근에는 화석 연료로부터 많은 황이 유입되고 있다.

앞서 삼투압을 견디기 위해서 바다에 사는 세균, 플랑크톤, 조류가

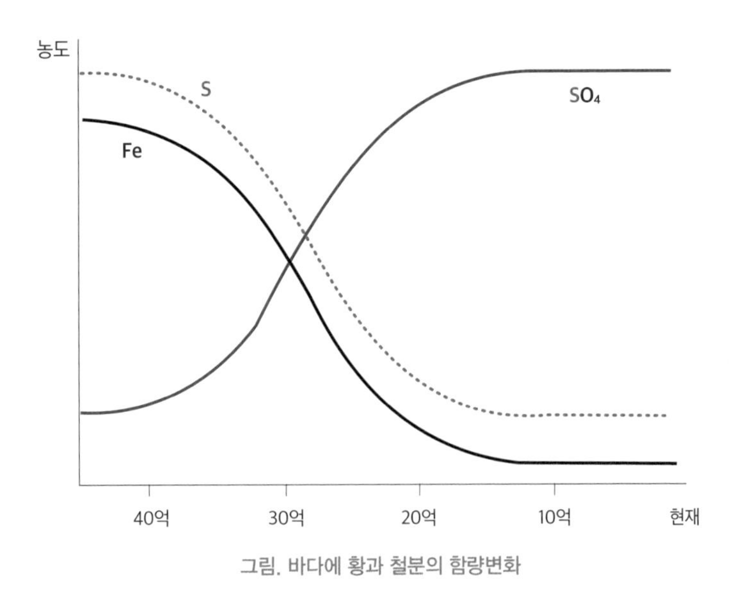

그림. 바다에 황과 철분의 함량변화

축적한 황화합물(DMSP)로부터 만들어지는 디메틸설파이드DMS가 10억톤이나 된다고 했는데, 이것은 특이한 바다냄새의 원인이다. 하루정도 대기에 존재하며 대부분 육지에 머물기보다 다시 바다로 돌아간다. 그 과정에 구름(비) 형성에 관여하여 기후에 상당한 영향을 미칠 정도다. 바다의 황산이온은 칼슘과 결합하여 석고($CaSO_4$)를 형성할 수 있다. 바다에는 철과 황이 많았는데, 황은 형태를 바꾸어서 여전히 존재하는데 철은 철광성이 되어 침전되어 현재 바다에서 가장 부족한 미네랄이 되었다.

현재 바다에 결정적으로 부족한 것은 철분

바다는 우리에게 많은 것을 준다. 옛사람들의 식량 창고로 쉽게 조개와 굴 등의 해산물을 얻을 수 있었고 연체동물은 움직임이 느리기에 인간이 별다른 도구 없이도 포획할 수 있는 손쉬운 대상이었다. 신석기 시대의 많은 패총이 이를 증명한다. 지금도 바다는 생선과 많은 해산물을 제공하는데 인구는 늘고 어획량이 증가하면서 수산 자원이 고갈될 위기에 처했다. 그래서 바다에서 보다 많은 생선 등이 살 수 있도록 철분을 공급하는 계획도 세우고 있다. 동물에서 철분이 중요한 것은 철이 헴(heme)의 구성성분이기 때문인데, 헴은 산소의 운반수단이자, 산소를 이용한 에너지 대사에 결정적인 이온이므로 생명유지에 중요하다.

임신부의 경우 철분 부족으로 고생을 하는 경우가 많은데, 성인의 철 평균필요량은 하루 8mg이며, 권장섭취량은 10mg 정도이다. 철도 저장고가 고갈되었을 때에는 흡수가 증가되고, 저장고가 꽉 채워져 있으면 흡수가 감소된다. 체내 철의 2/3가 적혈구내의 헤모글로빈에 존재하며, 25%는 쉽게 이용 가능한 저장철의 형태로, 나머지 15%는 근육조직의 미오글로빈과 산화적대사반응의 여러 효소의 구성성분으로 있다. 75kg의 성인 남자는 약 4g의 철(50mg/kg)을 갖고 있으며 월경을 하는 여성의 경우 적혈구량과 저장철이 적기 때문에 40mg/kg의 철을 보유하고 있다.

철은 지구에서 가장 풍부한 원자이다. 지구 총중량의 34%를 차지할 정도인데 지금은 주로 지구 중심부에 있지만 과거에는 바다에도 엄청나게 많았다. 그런데 시아노균이 광합성을 하면서 대량의 산소를 공급하자 바다 속에 대량으로 용해된 철 이온이 산소와 반응하여 산화철로 변하여 대량으로 침전하였다. 이것이 인간이 활용하는 철광의 60% 이상을 차지하는 호상철광상(BIF: Banded Iron Formation)이다. 바다의 철 이온이 100조톤 정도를 침전시켰는데, 인간이 채굴 가능한 것은 2,300억톤 정도이다

그래서 지금 바다에는 철이 거의 없다. 그나마 바다에 존재하는 철은 육지에서 씻겨 공급되는 것이고, 먼 바다의 철분은 미세먼지에 붙어있던 철분이다. 지금 바다에는 다른 영양은 충분한데 철분만 부족한 지역이 상당히 많다. 식물성플랑크톤이 성장하려면 인 1원자에 대하여 철 0.005원자가 필요한데 이 정도의 철분이 없어서 식물성플랑

크톤이 충분히 자라지 못하고, 그것을 먹고 자라는 생물량도 적은 것이다. 이러한 철 결핍 해역에 철이온을 살포하면 식물성 플랑크톤을 증식시켜 이산화탄소를 소비하여 온난화를 방지할 수 있다는 아이디어가 제시되기도 하였다. 바다에서 철의 운명은 염화나트륨과 정반대로 바뀐 것이다.

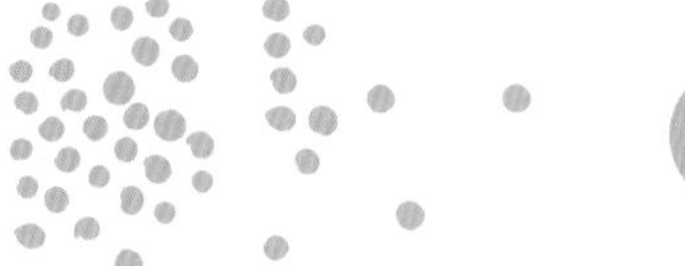

4

미네랄은 날카로운 양날의 검이다

중금속과 미네랄은 반대말이 아니다

혹자는 바닷물에 70여종의 미네랄이 있다고 하는데, 그것은 미네랄보다는 중금속에 가까운 것들이다. 우리는 미네랄이라고 하면 찬양하고 중금속이라고 하면 두려워하지만 중금속(重金屬)이라는 것은 그 정의가 불분명한 대표적인 용어이다. 중금속을 문자 그대로 풀면 무거운 금속이란 뜻으로 비중이 4.5보다 큰 원소 들이다. 이 정의에 따르면 알루미늄이나 바륨, 세슘 등은 중금속의 기준을 벗어나게 된다. 이렇게 무거운 중금속 중에 철, 구리, 아연은 우리의 생리작용에 반드시 필요한 미네랄이다. 코발트, 망간, 몰리브데넘, 셀레늄도 극소량은 우리의 건강을 위해 꼭 필요한 미네랄이다.

모든 미네랄은 과다하게 섭취할 경우는 독으로 작용하는데, 수은이나 카드뮴처럼 인체에서 유용한 역할을 하지 않으면서 쉽게 과량 흡수되어 문제를 일으키는 중금속도 있다. 그러니 원자의 무거움 정도는 인체 또는 환경에 미치는 독성과 아무런 관계가 없다. 밀도가 크다고 반드시 인체나 환경에 독성을 나타내는 것은 아니고, 가볍다고 문제를 일으키지 않은 것도 아니다.

많은 미네랄은 효소의 조효소로 작용한다

우리 몸에 미네랄이 필요한 핵심적인 이유의 하나가 효소의 보조인자로의 역할이다. 효소 또한 단백질인데 단백질은 각각 고유의 형태가 있다. 그리고 항상 꿈틀거린다. 단백질은 이온을 통과시키는 통로일 수도 있고, 분자를 감각하는 수용체일 수 있고, 기질과 결합하여 기질의 형태를 바꾸는 효소일 수도 있다.

우리 몸에는 매우 다양한 효소가 있다. 2만 종의 유전자 중에 통상 3분의 1 정도가 효소를 만드는 유전자라고 하는데, 지금까지 밝혀진 효소만 2500여 종이다. 유기물은 효소로 만들어지는데 세상에는 3000만종 이상의 유기물이 있으니 세상에는 그만큼 다양한 효소가 있을 것이다.

효소는 단백질로 만들어진 촉매라고 할 수 있다. 우리 몸에서 어떤 화학반응이 우연히 일어날 수도 있지만, 그 확률은 매우 낮다. 그런데 적합한 효소가 있으면 그 반응이 일어날 확률이 100만 배 높아진다(효소별로 차이는 심하다). 효소는 자신은 변하지 않지만 반응의 활성화 에너지를 낮추어 반응속도를 비교할 수 없이 빠르게 해준다. 효소가 없으면 모든 생명현상은 100만 배 느려진다. 효소가 없었다면 인간의 진화는커녕 생명의 탄생조차도 쉽지 않았을 것이다.

효소는 한 가지 또는 극히 유사한 몇 가지 반응에만 선택적으로 작용한다. 효소와 타겟 물질(기질)의 관계는 마치 정밀한 자물쇠와 열쇠의 관계와 같아서 입체적인 형태가 꼭 들어맞는 것끼리 결합하기 때문이다. 실제 효소가 하는 기능은 산화환원효소oxidoreductase, 전이효

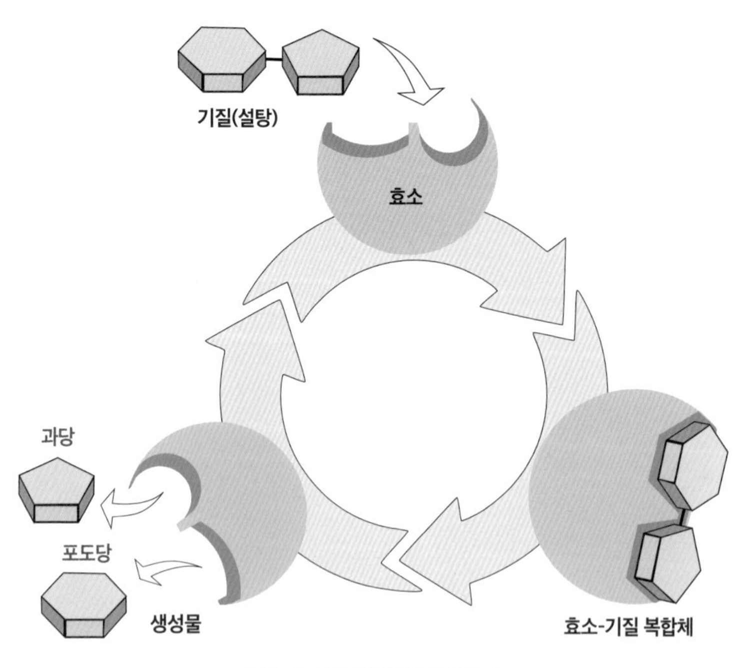

그림. 효소의 대표적인 작용형태

소transferase, 이성화효소isomerase, 가수분해효소hydrolase, 리아제lyases, 리가아제ligase, 7 종의 기능인데 효소의 종류가 그렇게 많은 이유는 개별 효소가 특정 물질에만 매우 특이적(제한적)으로 작용하기 때문이다. 만약에 효소가 멍키스패너처럼 기질을 붙잡는 크기를 조절할 수 있었다면, 하나의 효소가 여러 다양한 형태에 작용할 수 있을텐데 그만큼 특이성이 떨어지게 된다. 효소는 그렇게 범용성 대신에 매우 까다로운 조건에 맞는 분자에만 작용하는 특이성이 있다. 만약 효소가 특이성이 없이 아무 것에나 작용한다면, 생명현상은 방향성이 없이 뒤죽박죽 엉망이 되어 금방 파탄이 날 것이다.

효소는 단백질로만 된 것이 많지만 일부 효소들은 단백질 외에 다른 물질이 있어야 활성을 나타낸다. 효소의 단백질 부분을 주효소라고 하고 효소의 작용을 도와주는 비단백질 부분을 조효소(보조인자)라고 하는데 일부 비타민과 미네랄이 조효소로 작용한다. 비타민B군(群)은

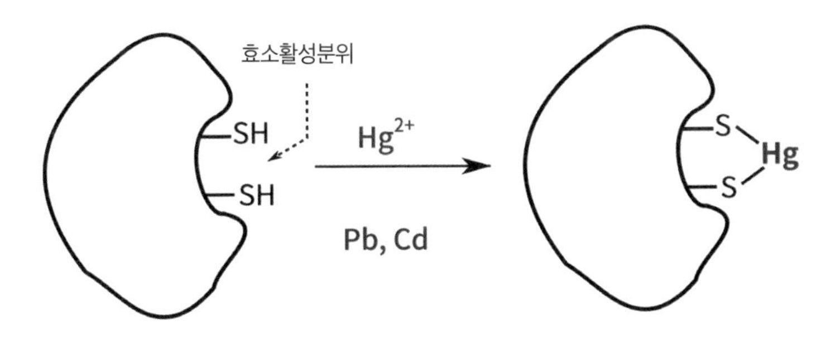

그림. 중금속의 독성 기작의 모식도

주로 탄수화물, 단백질, 지방의 대사에 쓰이는 조효소이며, 비타민C는 콜라겐 합성에 필요한 조효소다. 미네랄이 조효소로 작용하는 효소도 다양한데 지금까지 확인된 것은 아연을 함유한 효소28종, 마그네슘은 7종, 망간은 26종, 몰리브덴은 7종, 구리는 21종, 철은 79종, 황은 9종 등이다.

미네랄을 함유한 효소는 미네랄의 특별한 결합력을 이용한 것이다. 그 이야기는 미네랄은 효소(단백질)과 결합력이 있다는 증거이고, 미네랄(중금속)이 엉뚱한 단백질과 결합하면 큰 문제를 일으킨다. 중금속이 축적되면 심각한 문제가 생기는 원인이다.

5장

소금은 어떻게 만들어질까

1. 암염, 자연이 오랜 시간을 두고 만든 소금
2. 자염, 가장 연료와 노동력이 많이 필요한 전통의 소금
3. 천일염, 근대에 경제적으로 대량 생산이 가능해진 소금
4. 정제염, 가장 깨끗하게 여과된 소금
5. 기타, 다양한 종류의 소금

천일염은 넓은 염전을 만들고 그 곳에 바닷물을
자연 증발시켜 생산한 소금이다.
암염이나 정제염에 비해 염화나트륨 말고도
바닷물에 녹아 있던 칼륨, 마그네슘 같은 미네랄이
포함되고 수분도 많아 염화 나트륨의 비율은
상대적으로 낮다.

베트남 나짱 비치인 혼 코이에서
사람들이 소금 밭에서 일하는 모습.
출처_shutterstock

1

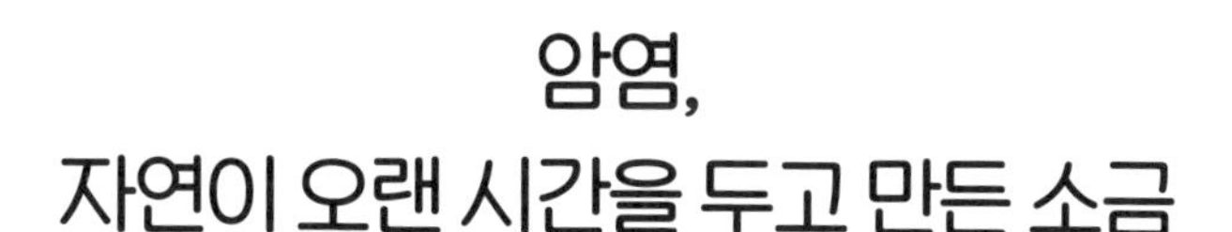

암염,
자연이 오랜 시간을 두고 만든 소금

바닷물을 건조시키면 소금이 되는데 세계적인 소금 생산 비율을 따지면 바닷물을 이용하여 직접 소금을 만드는 것보다는 암염(돌소금)의 사용량이 많다. 하지만 우리나라에는 암염이 생산되지는 않는다. 대신 3면이 바다라 소금을 만들기 쉽다고 생각하지만 바다가 있다고 해도 비가 많이 온거나 바닷물을 넓게 가둘 수 있는 지형이 아니면 염전을 만들 수 없다. 실제로 과거 한국에서 소금이 가장 귀한 지역 중 하나가 바다 한가운데 있는 제주도였다. 그래서 옛날 기록에 제주도에서는 해초에 달라붙은 소금을 모아쓰거나 바닷물에서 수분을 어느 정도 제거한 고농도 소금물을 소금 대신으로 썼다는 기록이 있다.

가까운 나라인 일본도 갯벌이 없기 때문에 대규모 천일염 제업이 어려워 가마에 불을 때서 바닷물을 증발시키는 방법으로 자염을 사용했고 우리나라도 전통적인 소금은 자염이었다.

천일염의 제조 방법은 중국에서 개발한 것으로 한국에는 20세기 초에 일본을 통해서 들여왔다. 그나마 갯벌이 넓게 형성된 서해안에 염전이 다수 분포하지만, 강수량이 많고, 황하와 양쯔강, 한강 등이 민물의 공급이 많아 바닷물의 염도가 낮아 천일염 생산에 별로 유리하지 않았다.

가장 많이 소비되는 것은 암염이다

보통 정제염은 인간이 만들고 천일염은 자연이 만든 소금이라 생각하지만 가장 인위적인 노력이 가해지지 않고 자연 그대로 만들어진 소금이 암염이다. 암염이란 5억 년 전부터 200만 년 전 사이에 바다였던 부분이 대륙이 지각 변동으로 막혀서 호수가 되고, 남아 있던 바닷물이 증발되어 소금이 암염형태로 결정화된 것이다. 그리고 세계적으로 소비되는 소금의 절반 이상인 61%가 암염이다.

역사적으로도 소금을 처음 생산한 곳은 바다가 아니라 육지의 암염광산이었다. 수렵채집 생활을 하는 인류는 따로 분리된 '소금' 형태의 나트륨 섭취의 필요성이 적었는데 육식을 통해 어느 정도 섭취할 수 있기 때문이다. 그러다 인류에게 '소금'이 심각하기 필요해진 것은 신석기 혁명 이후 곡식 위주의 식단으로 이행하며 음식으로 나트륨 섭취가 더욱 어려워진 이후이다. 내륙에는 소금이 워낙 귀해 철기 시대에 이미 유럽인은 암염을 캐기 위해 땅속 깊숙이 파고들었고, 당시 암염을 채취한 자리가 오늘날 거대한 동굴로 남아 있기도 한다. 소금 광산 주변에 사람들이 정착해 마을과 도시가 형성되었고 이런 마을과 도시는 소금경제로 부를 축적했다.

암염 중에 대표적인 것이 히말라야 산맥에서 캐왔다는 '핑크솔트'와 '블랙솔트', 안데스 산맥에서 났다는 '로즈솔트' 등이다. 히말라야 암염은 히말라야 산맥에서 채취되는 것인데, 지금은 해발 8,000m가 넘는 세계 최고봉(峰)들이 몰려있는 지역이지만 원래는 바다였다는 증거이기도 하다. 그 지역에서 트라이아스기에는 대형 어룡 히말라야사우루스가 살았고, 신생대 초기에는 얕고 따뜻한 테티스 해가 펼쳐져 있었다. 그래서 산맥 중간부터 정상까지 고생대의 삼엽충 화석부터 암모나이트 화석이 산출(발굴)된다.

히말라야 산맥은 적도 아래쪽에 있던 거대한 섬이었던 인도 판이 7000만년전 이동하여 아시아 판을 밀어 올려 형성된 것이다. 인도 판은 적도를 지나 북쪽으로 이동하여 아시아 판과 충돌했고, 계속 아시아판을 밀어 올리면서 충돌한 지역이 점점 높아지고 약 800만 년 전에 지금과 같은 고도를 형성하였다. 지금도 북쪽으로 계속 판을 밀어 올려 1년에 약 5cm씩 밀려서 높아지고 있지만 침식 작용에 의해 봉우리가 일정부분 깍여나가 높이가 현재의 수준을 유지하고 있다.

암염의 성분은 정제염과 비슷하다

암염은 염화나트륨 함량이 98% 이상으로 순도가 매우 높다. 자연이 만든 정제염인 셈이다. 이런 암염에 대한 기호도가 천일염에 비해 높았는데, 암염은 순도가 높아 맛이 깔끔했는데, 천일염은 해수에 포함된 다른 미네랄의 영향으로 더 쉽게 조해되거나, 맛이 쓴 경우가 있었고, 유기물 등이 오염되는 경우도 있었다. 그래서 천일염이 생산되어도 암염이 선호되는 경우가 많았다.

소금사막: 흙에 염분이 많이 함유되어 있는 소금사막 지대에 물을 붓고(주변 지역의 샘물은 대부분 소금물이다) 흙탕물을 만든 다음 가만히 두면

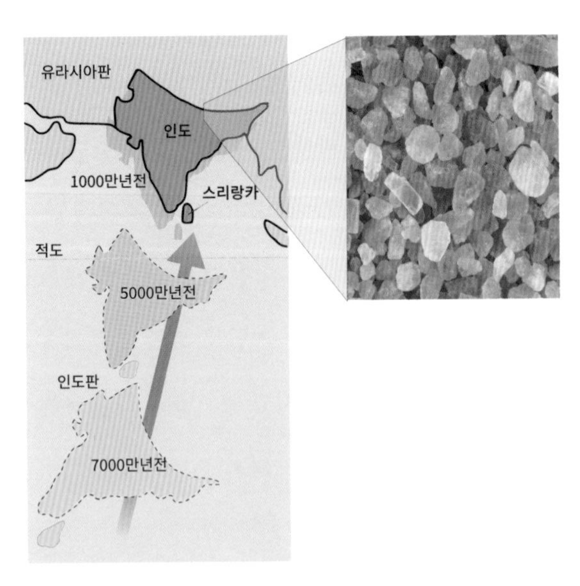

그림. 히말라야 지역의 형성과 암염의 생성배경

물이 증발되어 소금만 남는데 이걸 캐낸다. 볼리비아에 위치한 우유니 소금사막이 대표적이다.

소금호수 : 보통은 천일염과 비슷한 방법으로 제염하지만 사해나 세네갈의 장미호수처럼 바닥을 그냥 푸기만 하면 소금이 나오는 곳도 있다.

소금우물: 지하수와 암염이 닿아 생긴 천연 소금물이 나오는 우물물로 소금을 만드는 방법. 제갈량이 촉한의 소금 자급자족을 위해 이 방법을 썼다고 한다. 사천성의 소금우물에서는 천연가스도 같이 나왔기 때문에 정제하기도 쉬웠다.

소금이 부족하면 퉁퉁마디(함초) 같은 식물을 이용하기도 하는데 이것은 바닷가 개펄이나 내륙 염분지에 뿌리를 박고 자라는 식물이다. 소금을 흡수하면서 자라기 때문에 가공해서 소금의 대용으로 쓸 수 있으며, 갈아서 즙을 짜면 간장과 비슷해서 함초 간장이라고 부르며 간장 대용으로 쓰기도 한다. 이외에 해초를 가공해 소금을 얻기도 한다. 이것 말고는 몇몇 식물들은 몸 안에 소금을 축적하는 종류들이 있어 이런 식물을 모아서 태우면 소금이 생긴다. 정글 지역 같은 소금을 구하기 어려운 곳에서 사용하는 방식이다. 하지만 대부분의 식물은 소금이 필요하지 않고 소금 농도가 높으면 오히려 스트레스를 받아 잘 자라지 못한다.

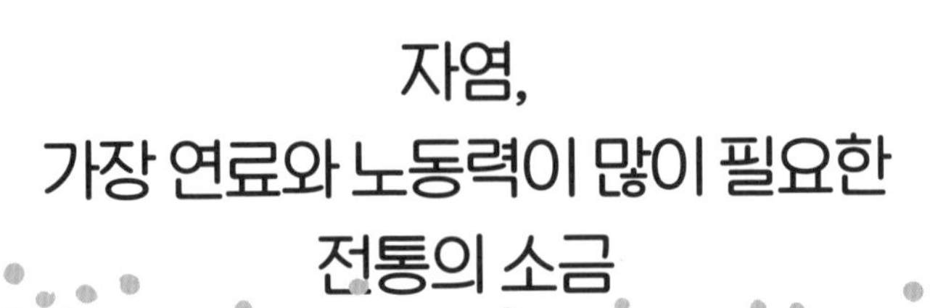

자염, 가장 연료와 노동력이 많이 필요한 전통의 소금

자염을 만들기 위해서는 엄청난 땔감과 노동력이 필요했다

우리의 전통소금은 암염도 천일염이 아니고 자염으로 바닷물을 가마솥에 담아 끓여서 만든 소금인 자염(煮鹽) 또는 화염(火鹽)이었다. 자염은 구웠다는 의미고, 화염은 불을 때서 얻었다는 얘기다. 갯벌 흙을 일구어 만든다는 점에서는 토염(土鹽)이라고도 했다. 일본에서는 달일 전(煎), 볶을 오(熬)를 써 전오염(煎熬鹽)이라 했다. 어떤 말이든 사람의 힘으로 농도 짙은 짠물을 모으고, 그 물에 불을 때 소금 결정을 만드는 고단한 작업이다.

바닷물에는 염분이 3.4%의 염분이 들어있는데 10배로 농축해야 소금이 결정화되기 시작한다. 어떻게 염도가 34% 이상이 되도록 농축할 것인지가 자염을 만드는 시작이다. 그리고 계속 가열하여 수분을 완전히 증발시키면 바닷물에 미네랄을 그대로 함유한 소금이 될 것이다.

언뜻 바다의 모든 미네랄이 그대로 남아 있는 소금이 좋은 소금이 될 것 같지만 아무도 바닷물을 통째로 말린 소금을 좋아하지 않는다. 그렇게 만들어진 소금은 색은 검고, 맛은 쓴 상품성은 없는 소금이 되기 때문이다. 그래서 자염을 만들 때도 숙련된 기술자가 필요하다. 얼마만큼 가열 농축하고, 소금의 결정핵은 어떻게 만들 것인지에 따라 전혀 다른 품질이 소금이 만들어진다. 우리나라에서는 상당히 과거부터 이런 자염을 만들어 먹었을 텐데, 우리나라는 아직 선사에 사용된 제염토기가 발견되지 않았고, 삼국 시대에도 소금 생산에 관한 사료가 없다. 사실 다른 먹을 것에 대한 사료도 별로 없는 편이다.

무작정 바닷물을 퍼다 불로 끓여서 소금을 만들기에는 땔감이 너무 많이 필요하므로 바닷물을 갯벌에서 얼마나 효과적으로 농축할 것인지가 관건인데, 갯벌에서 바닷물의 농축하는 것은 특정한 지형과 시기 그리고 고단한 노동을 필요로 한다. 그렇게 농축된 바닷물을 길러다 솥에 넣고 끓여서 소금을 얻기에 소금을 '굽는다'는 표현을 쓰기도 한다.

이런 자염의 생산에 대한 자료는 조선 전기이후에 남아 있는데 대체로 서해안에서는 무제염전식 자염법이, 동해안에서는 해수직자식 자염법이 주류를 이루었다. 무제염전식은 바닷물을 농축한 후 끓여서 만드는 방식이고 해수직자식은 동해에는 갯벌이 없어서 해수를 농축할 수 없으므로 처음부터 끓여서 소금을 채취하는 방식이다. 그래서 생산성과 소금의 품질이 떨어지는 편이다. 어떤 방식이던 자염 생산은 힘든 노동과 많은 연료가 필요했다. 쌀농사에 많은 정성과 노력이 든다고 하지만 소금농사보다는 한결 쉬웠다. 그래서 일제강점기 이후 천일염이 들어온 뒤에 자염은 급격히 몰락했다. 불을 때는 대신 넓은 염전에 햇빛을 이용해 말리는 방식의 천일염의 생산량과 가격 격차를 감당하지 못한 것이다. 우리나라에 천일염이 들어온 것은 불과 100여 년 전 인데 높은 순식간에 자염은 완전히 사라지게 되었다.

자염의 제조과정 출처_shutterstock

바닷물을 그냥 말리면 좋은 소금이 될까

바닷물을 끓여서 좋은 소금을 만드는 것에는 상당한 기술이 필요했다. 충남 태안에는 자염생산을 복원한 곳이 있다. "동네 어르신들은 자염을 '화렴(火鹽, 불소금)'이라고 불렀어요. 불을 지펴 만들었기 때문인 것 같아요. 지금은 천일염이 일반화됐지만 그 전에는 대부분 해안가에서 가마솥에 바닷물을 끓여 소금을 만들었다고 보시면 돼요". 1950년대를 전후해 맥이 끊긴 자염을 2002년 복원을 했는데 그렇게 해서 알게 된 것은 자염은 생각보다 만들기 복잡하고 고된 노동을 필요로 하는 인고의 산물이라는 것이다.

"문헌대로 라면 자염은 바다의 조금 무렵 단단히 굳은 갯벌 표피를 소쟁기질로 둥그렇게 파내고(이를 통자락이라 한다) 그 가운데에 간통을

충남 태안반도의 호리병 모양인 근소만에 최근 자염 생산을 복원했다.
이 곳은 갯벌의 염분이 높아 오랜 세월 동안 자염을 생산할 수 있었으며, 조선 시대까지 주요 소금 생산지였다. 헬스레터 출판 DB

세우는 것으로 시작한다. 바닷물이 들어오지 않는 조금 기간, 사리 때가 돼 물이 가득 차기 전까지 간통 주변에 갯벌의 마른 흙을 채우는 것이 두 번째 작업이다. 이 작업은 반드시 바닷물이 통자락까지 밀려오기 전까지 끝내야 해요. 바닷물이 가득 들어오면 모아둔 흙을 통과해 간통으로 물이 가득 들어차는데 이것을 퍼서 끓이면 소금이 되는 거여요." 그렇게 복원이 되어 지금도 소량의 자염을 만들고 있지만 철제솥에 장작불로 끓이는 방식으로는 도저히 노동을 감당할 수 없어서 스테인레스로 만든 대형 솥을 제작했다. 그리고 장작불은 가스불이 대신했다. 그렇게 만들어지는 자염이 판매되고 있지만 그 과정이 쉽지 않다.

간석지가 발달한 서·남해안은 바닷물을 농축한 함수(鹹水)를 만들고 이것을 끓여 만든 염전식(鹽田式)이었다. 염전식이 조선시대 소금의 주된 생산 방식이었다. 즉 바닷물을 퍼서 바로 끓여서 농축하지 않고 갯펄에서 1차로 농축을 한 후 이것을 퍼다 끓여서 만든 것이 주류였다. 서·남해안에서는 바닷물이 가장 많이 빠지는 조금 때 바닷물이 빠진 후 써레를 매단 소를 이용하여 염전 바닥을 하루 두세 번씩 갈아엎었다. 그 과정에서 갯벌의 흙이 햇볕을 쬐면서 소금기가 모래 알갱이에 많이 달라붙어 짠 흑, 즉 함토(鹹土)가 만들어진다. 다시 바닷물이 들어와 염전을 적시고 물러간 후 써레질을 반복하면 더욱 소금기가 강한 함토로 변하는데, 이 함토에 소금기가 잘 달라붙도록 덩이판을 이용하여 잘게 부순다. 이렇게 여러 차례 되풀이하여 만든 함토를 염전의 안쪽에 우물처럼 1.5m의 깊이로 곳에 긁어모은다. 여기에 다시 바닷물이 적셔지면 농도가 높아진 소금물이 함수통에 고인다. 이렇게 농축된 소금물은 농도가 15~18% 정도인데 이것을 물지게로 운반하여, 솥에 넣고 끓여서 소금을 만들었다.

이렇게 바닷물을 농축하는 작업은 날씨가 좋아도 한 달에 12일 정도밖에 작업하지 못하였고, 비가 오면 작업이 불가능했다. 봄가을에 날씨 좋을 때만 생산이 가능하니 소금의 생산량은 한정될 수밖에 없었고, 그 가격이 비쌌다. 소금의 생산은 워낙 날씨에 크게 좌우되었기 때문에 흔히 '하늘이 짓는 농사'라고 하였다고 한다.

소금의 제조는 결코 단순하지 않다

소금 생산에서 가장 중요한 시설은 가마이다. 가마에서 핵심은 부글부글 끓어오르면서 소금이 결정되는 과정이다. 3.4%의 바닷물을 15~18%로 5배 정도 농축했으니 물을 좀더 휘발시켜 4배 정도 더 농축하면 소금이 된다. 노동력과 땔감이 많이 들어서 그렇지 끓이기만 하면 되는 간단한 작업인 것 같다. 하지만 불 조절을 잘못하면 소금의 질이 현저히 떨어지기 때문에 가마쟁이의 역할이 매우 중요했다.

조선시대 가마는 토부가 많이 사용되었다. 토부는 점토가 포함되지만 주재료는 조개 및 굴 껍질을 갈아낸 회이다. 이 회에 열을 가하면 딱딱하게 굳는 성질이 있어서 소금가마를 만들었다. 함수를 끓여서 소금을 생산하는 제염방식은 막대한 연료가 소비되었으므로 생산비가 높을 수밖에 없었다. 이미 조선전기부터 제염지의 주변 산지는 민둥산으로 변해갔다. 국가는 연료를 지급하지 않고 소금을 굽게 했다. 연료 조달은 노동자에게 떠넘겼다. 소금 노동자들은 늘 연료가 아쉬웠다. 이들이 연료를 구하기 위해 남의 산에 들어갔다가 산주한테 곤욕을 당했다. 국유림에 들어갔다가는 고을 원님이 잡아 죽였다.

19세기 연료 부족과 연료비 상승을 감내하지 못한 염민들은 새로운 연료로 석탄을 주목하였다. 석탄 사용을 위하여 전오시설을 개조하는 등 많은 노력을 기울였지만 자염의 품질이 떨어졌기 때문에 종래의 연료를 혁신적으로 바꾸지 못하였다. 1910년 전후의 우리나라 자염 생산 현황을 도별로 살펴볼 때, 전라도가 37%로 가장 많고, 경기가 19%, 충남이 11%, 경남이 9% 순이다. 전라도 해안가와 서해안은 복잡한 해안선이 발달하였을 뿐만 아니라 땔감이 풍부하여 염전을 조성하기에 유리하였다. 서해중부에 위치한 충남 태안은 독특한 해안구조로 조석 간만의 차가 크기 때문에 크고 광범위한 갯벌이 형성되어 있을 뿐만 아니라 땔감으로 사용하는 소나무가 풍부하였으며, 좋은 기후 조건을 갖추고 있어 좋은 자염 생산의 최적지라고 할 수 있다. 소금이 가장 많이 생산되는 봄철의 음력 3~5월까지와 장마철이 지난 8월~9월의 날씨가 소금 생산량을 좌우하는데, 이때는 강수량이 적고 바람이 강하게 불러 함토의 작업을 하는데 용이하기 때문이다.

하나의 염벗(염막)에는 한 개의 가마가 설치되었고, 한 번 생산되는 소금의 양은 대략 4섬(240kg)이다. 하루에 두 번 가마에 불을 때서 8섬

(480kg)을 생산하고, 염벗 1개를 운영할 때 염벗주 1인, 염수를 만드는 염한이 6~8인, 간쟁이 1인 등 6~8인으로 구성된다. 여기에 소금의 농도를 맞추는 간쟁이의 역할이 중요했는데 소금물이 얼마나 농축하여 결정화를 할지가 생산성과 소금 맛을 좌우하였다.

소금 결정의 크기, 모양, 빛깔, 수분 등에 대한 정밀하고 세련된 접근이 필요하다. 선진 식염 산업은 오늘날 주사위, 다면체, 다공질입방체, 비늘, 공, 막대기에 이르는 다양한 결정의 형태에 파고들어 이를 품질 구현의 발판으로 삼고 있다. 연암 박지원이 1757년에 쓴 '민옹전(閔翁傳)'만 봐도 "수정 같은 소금(水晶鹽)"과 "싸래기 같은 소금(素金鹽)"이 등장한다. 결정 형태를 구분한 것이다.

처음에 천일염은 왜염으로 천대를 받았다

개항 이후 수입염이 증가하기 시작하였다. 중국산 천일염 가격은 자염의 절반 가격에 불과해 급속히 증가하였다. 한편, 중국산 천일염을 해수에 녹인 뒤 다시 생산하는 재제염업이 크게 부흥하였다. 중국산 천일염은 값이 싼 반면에 조선인의 입맛에 맞지 않으므로 재차 가공하는 과정을 거쳐 자염의 성질에 가깝게 한 것이다.

일제가 주도하는 천일염시험장이 인천 주안에 축조되고 이곳에서는 조선인에게 매우 낯선 태양염이 처음으로 생산되었다. 그러면서 자염은 점점 감소하고 1950년대 이후 사라졌다. 한국전쟁 이후 대한민국 정부 또한 산림 훼손을 막기 위해 자염 생산에 간섭했다. 정부는

1960년 '염업 임시조치법'을 공포하면서 그나마 조금 남아 있던 자염 생산이 완전히 사라졌다.

넓은 염전에서 햇빛으로 말린 천일염은 바닷물을 끓여 만드는 자염보다 가격이 훨씬 쌌다. 천일염이 한반도에 처음 들어왔을 때, 조상들은 상대적으로 자염에 비해 쓴맛이 나는 천일염을 '왜염'이라 부르며 천대했다. 천일염은 염화마그네슘 때문에 쓴맛이 나기 때문에 오랜 기간 간수를 빼는 과정을 거쳐야 했다.

3

천일염, 근대에 경제적으로 대량 생산이 가능해진 소금

천일염, 햇빛을 이용한 대량생산으로 가격의 혁신이 시작되었다

천일염은 넓은 염전을 만들고 거기에서 바닷물을 그대로 증발시켜 만든 것이다. 암염이나 정제염에 비해 염화나트륨 말고도 바닷물에 녹아 있던 칼륨, 마그네슘 같은 미네랄이 포함되고 수분도 많아 염화나트륨의 비율은 상대적으로 낮다.

국내산 천일염은 생산방식에 따라 크게 토판염(土版鹽)과 장판염(壯版鹽)으로 나뉜다. 처음에는 토판염이고 나중에 장판염이 도입되었다. 토판염은 갯벌을 다지거나 황토 흙을 깔아 만든 결정지에서 만들어진다. 소금에 사분(흙)이 유입되기 쉬워 위생적인 면에서 취약하고, 증발 효율이 장판염에 떨어져 생산량이 적고 가격이 비싼 게 단점이다. 이후 장판염이 도입되었는데 검정색의 PVC 비닐장판을 깔고 해수를 증발시켜 채취하는 것으로 토판염보다 생산량이 3배 정도 많고 가격도 싸다. 흙에 유입되는 미네랄이 적고, 환경호르몬 물질이 발생할 수 있다. 그래서 최근에는 장판 대신에 타일이 도입되었는데 증발효율은 장판보다 떨어진다.

천일염이 최초로 도입된 것은 인천 동부 주안 개펄이다. 1907년 주안에 만들어진 염전이 우리나라 최초의 천일염 염전이었다. 일본에는

천일염 제조. 천일염은 해수에 녹아 있는 염분을 태양열 등으로 포화 함수로 만들어 결정화시킨 것으로, 한반도 서해와 남해에서 주로 생산됐다. 염도가 85~88%정도이며, 계절에 따라 맛이 크게 차이가 나며 30℃ 정도 물의 온도에서 생성된 첫 소금이 가장 좋다.
출처_shutterstock

천일염을 생산할 수 있는 마땅한 지형이 없어 일제강점기에 총독부는 계획적으로 염전을 우리나라 서해안에 확대하였다. 인천 주안을 시작으로 시흥과 평안도, 경기도 등 서해안으로 확대되어 천일염이 대량으로 만들어졌다. 충청도 및 전라도는 우리나라 전통 소금 생산 방식인 자염 방식이 강해서 천일염은 주로 인천의 북쪽 지역에서 이루어졌고, 이는 한국전쟁 이후 남한에 소금 기근 현상을 초래하는 원인이 되었다. 그래서 1950년대 남한 정부는 서해안 일대에 집중적으로 천일염전 사업을 벌여 1955년에야 남한 내 소금의 자급 기반이 조성되었다.

천일염 제조공정

천일염은 해수에 녹아 있는 염분을 태양열 등으로 포화 함수로 만들어 결정화시킨 것으로 우리나라 서해와 남해에서 많이 생산되었다. 염도가 85~88%정도이며, 계절에 따라 맛이 크게 차이가 나며 30℃ 정도 물의 온도에서 생성된 첫 소금이 가장 좋다.

한국의 천일염전은 크기가 평균 15,000평으로 저수지, 증발지, 결정지로 되어 있으며 만조시 수문을 열어서 4단계의 증발지를 거치면서 농축된 염수를 만든다. 날씨에 따라 차이는 있지만 해수를 20도까지 올리는데 약 2주일이 소요된다. 20도까지 농축된 함수는 함수조에 넣고 펌프로 퍼서 결정지에 공급한다. 결정지의 염반이 200평 정도로 작으므로 수심을 일정하게 유지할 수 있어 제품의 품질관리가 용이하다. 염반이 크면 수심이 일정하지 않아 수심이 깊은 곳에 결정이 크고 단단해져서 제품의 가치가 떨어진다.

저류지로 바닷물 취입 → 제 1증발지로 이동(5~6°) → 제 2증발지로 이동(11~12°) → 결정지에서 소금생성(22~23°) → 5) 채염 → 6) 소금창고. 야적장보관 → 자연탈수(약 15일) → 포장출고

1. 비닐판이 깔린 암반을 깨끗이 씻고 아침 6~7시경 25도의 함수를 염반에 넣는다. 수심은 계절에 따라 바람이 심할 때는 평소보다 1cm정도로 깊게 하고 여름철에는 0.5cm 정도로 얕게 한다.
2. 오전 11시경이 되면 함수 표면 위에 소금 꽃이 뜨게 되고 표면에서부터 결정이 커지면서 염반 바닥에서 결정이 시작한다. 이때 결정은 바깥의 표면에서부터 안으로 성장되므로 결정내부에는 공간이 생기거나 온도에 따라서 결정은 부풀려지고 쉽게 부스러진다. 오후 2시경이 되면 많은 결정이 염반 바닥에 쌓이게 되며 날씨에 따라 다르지만 대략 2~3cm 정도다. 바람이 심하면 결정이 작아지고 추우면 결정이 낮아 어름처럼 반짝거리고 쓴맛이 있어 제품가치가 떨어진다.
3. 채염작업은 오후 2~3시경에 이루어지며 소금을 여러개의 무더기로 모은다. 높이가 대략 80cm 정도의 원추형으로 쌓아놓으면 물이 빠지고 오후 4시경부터 인력 또는 궤도차 등으로 창고까지 운반하여 보관한다.

만약 염반에서 결정중 비가 오게 되면 염반 속의 함수는 모두 함수조로 넣었다가 비가 개인 후 염반에 다시 공급한다. 이때 비로 인해 함수농도가 낮으면 25도의 함수조에서 함수를 뽑아서 넣고 섞어서 사용한다.

우리나라 소금은 석고($CaSO_4$)가 석출되는 낮은 함수 농도에서 결정을 성장시켜 성글으며 결정 내부에 함수가 들어가 있으므로 결정의 색도는 투명하지 않고 우유빛을 띄게 된다. 부피가 커지고 가볍고 물에 녹기 쉬워서 소비자가 좋아하게 된다. 한편 물에 녹였을 때 사분(모래) 같은 이물질이 있어 제품의 가치를 떨어뜨린다.

정제염, 가장 깨끗하게 여과된 소금

정제염, 바닷물을 깨끗하게 여과해서 만든 소금

정제염은 이온교환수지라는 여과장치를 이용해 바닷물에서 염화나트륨만 농축하여 제조하는 최신의 소금 제조 방법이다. 바닷물에는 온갖 오염물질이 흘러드는데 그것을 여과하지 않고 그대로 농축 건조해서 먹는 것은 비위생적이라 판단하여 국가 주도로 추진되었다.

정제염의 특징은 바닷물을 완전히 여과 정제를 한다는 것이다. 바닷물을 이송하여 몇 차례 여과과정을 통해 깨끗하게 거르고 이온교환막을 이용하여 염화나트륨만을 선택적으로 농축한다. 그리고 농축된 염화나트륨액을 가열 농축하여 소금으로 결정화시킨다. 이런 정제염은 불순물로부터 자유롭고, 거의 염화나트륨 위주로 쓴맛이 강한 마그네슘이 없어서 천일염처럼 3년 정도 숙성하면서 간수로 염화마그네슘을 빼낼 필요가 없다. 그래서 처음부터 맛이 깨끗한 장점이 있는데, 엉터리 유해성 논란이 많았다.

이온 단위로 여과하여 제조하는 정제염

바닷물을 정수한 후 약 1nm(10-9미터)의 미세한 구멍을 가진 이온

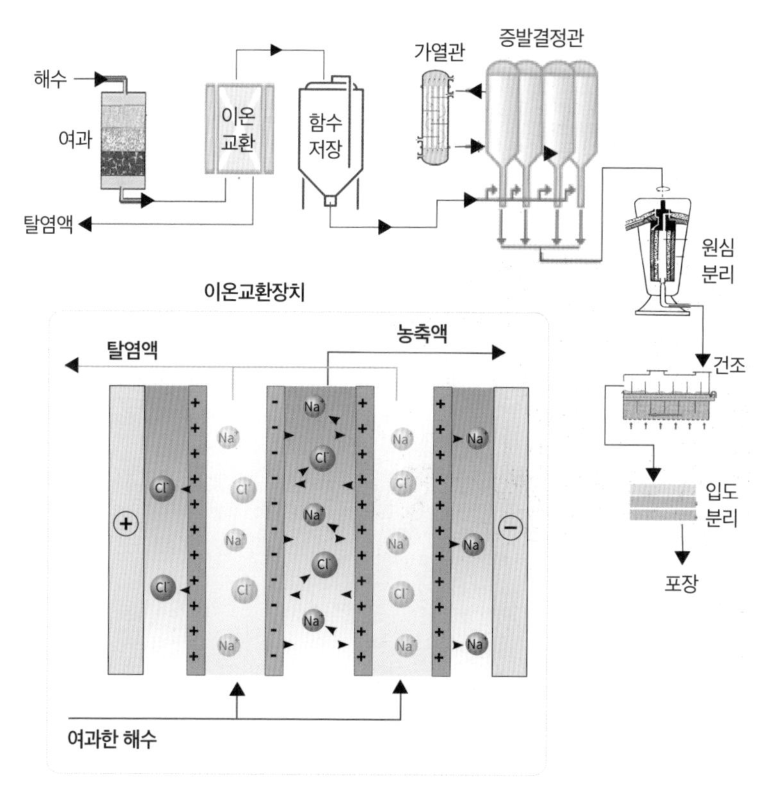

그림. 정제염의 제조과정

교환막을 통과시키면 나트륨Na^{+}이온과 염소Cl^{-}이온이 선택적으로 농축되고, 바닷물에 존재하는 마그네슘, 칼슘, 황산이온 같은 2가 이상의 이온이 걸러지게 된다. 또한 바닷물에 납, 아연, 크롬, 수은, 카드뮴, 비소 등과 같은 성분이나 농약 성분 등도 이온교환막을 통화하

해수의 농축공정. 이온교환막은 선택 투과성에 의해 해수 중 소금만을 농축시키고, 기타 중금속 등 유해물질은 통과시키지 않게 된다. 고농도(소금성분 16%이상) 함수(鹹水, 짠물 Brine)를 생산한다. 출처 헬스레터 DB

지 못하기 때문에 제거된다. 이렇게 만들어진 소금물(염도 17~18)을 진공증발관에서 고압증기를 이용하여 농축하여 소금결정을 만든 후 원심분리기에서 탈수하여 소금을 제조한다.

정제염은 염도가 일정하고 깨끗하다는 장점 때문에 식품회사에서 많이 사용한다. 염도가 98~99%이기 때문에 염도가 82~85%인 천일염과 같은 양을 사용하면 더 짜게 느껴진다. 그만큼 적게 사용해야 한다. 일부에서는 정제염이 화학소금이라고 말하는데, 만물은 화학물질이기 때문에 천일염도 정제염만큼 화학적인 것이고, 어찌 보면 정제염 제조 방식이 천일염보다 전통의 자염 제조공정과 닮은 점이 있다.

흰색은 깨끗함의 상징이었다

과거에 흰색은 고귀함의 상징이었다. 현미를 정제하면 백미가 된다. 현대에 들어와서 백미, 백설탕, 흰밀가루가 3백 식품으로 건강에 악당 취급을 받았다. 거기에 정제염, MSG를 추가해 5백이라고 하기도 한다. 당시에 그토록 흰쌀밥을 동경했던 것은 통곡물은 식이 섬유가 너무 많아 소화 잘 안되어 불편했기 때문이다. 지금은 식이섬유가 너무 부족해서 탈이지만 과거에는 소화 잘되는 식품이 너무 모자랐고, 소화가 힘든 섬유소가 너무 많았고, 비위생적인 것도 너무 많아 희고 깨끗한 것이 동경의 대상이었다.

그래서인지 과거에 암염을 캐도 그대로 부셔 먹지 않고, 굳이 도로 녹이고 가공해서 하얗게 만들었다. 이 과정에서 엄청난 양의 땔감을 소모했기 때문에 석탄을 쓰기 전까지는 암염 광산과 제염소 근방에는 숲이 남아나질 않았다.

식량이 부족했고 삶이 고단했던 과거부터 쌀을 주식으로 하는 아시아인들이 애써 현미의 외피를 벗겨 백미로 만들어 먹고, 서구의 귀족들이 흰 빵을 먹고 현미와 통곡물로 만들어진 갈색 빵을 소작농들에게 줬던 것은 본능적이었다. 건강 상식은 이처럼 시간에 따라 변하는

1979년부터 생산하기 시작한 우리나라 최초의 정제염 공장인 (주)한주의 초대형 솥가마(4중효용 진공증발관). 동해 바닷물의 해수 취수를 통해 시간당 2,500ton의 해수를 채취해 2차(중력식과 가압식)에 걸친 여과를 거쳐 깨끗한 소금을 생산한다. 사진 헬스레터 DB

것이 많기 때문에 엉터리에 휘둘리지 않으려면 본질을 보려는 노력이 필요하다.

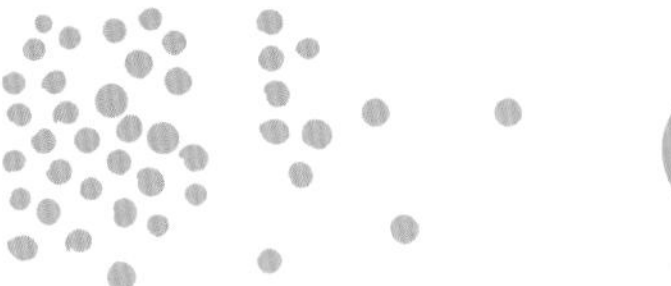
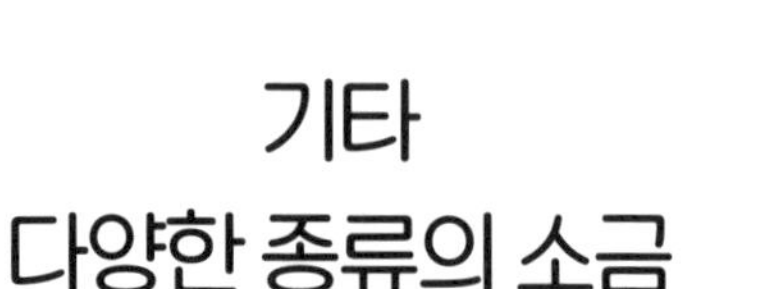

기타
다양한 종류의 소금

소금의 종류

- **재제염(再製鹽)** : 천일염이나 암염 등을 물에 다시 녹인 뒤 불순물을 걸러내고 다시 수분을 증발시켜서 만든 소금
- **꽃소금** : 천일염을 녹인 후에 불순물을 제거하고 다시 가열해서 결정시킨 소금이다. 결정 모양이 꽃 같아서 꽃소금이라고 이름이 붙여졌다. 천일염보다 하얗고 입자가 고운 특징이 있다.
- **맛소금** : 불순물을 제거한 순도 높은 정제염에 핵산이나 MSG를 추가하여 감칠맛을 낸 소금으로 74년 처음 출시될 때는 폭발적인 인기를 누려 왔으나 최근에는 많이 감소하였다.

  원염(정제염)에 글루탐산나트륨을 피복시킨 소금

염화나트륨 90% + MSG + 핵산

- **함초 소금 :** 함초를 말려서 가루로 낸 상태. 함초는 염전이나 간척지 등에서 자라는 염생 식물로, 염분을 흡수하면서 자란다.
- **아이오딘(요오드)첨가 소금:** 우리나라에는 없지만 유럽이나 미국에서는 대부분 아이오딘 첨가 소금이다. 아이오딘은 갑성선의 적절한 기능에 필수적인 미네랄인데 생선, 해초 등에서 쉽게 발견된다. 바다가 없는 내륙지방이나 해산물, 특히 해조류를 잘 먹지 않는 유럽권에서는 아이오딘이 부족하여 아이오딘 함유 소금을 보급하고 있다. 우리나라는 아이오딘 섭취량이 권장량을 훨씬 넘는 수준이다. 소금에 아이오딘첨가는 전혀 필요치 않다.
- **간장 소금 :** 오래 묵은 간장독 아래에는 소금이 결정이 되어 가라앉아 있는데, 이걸 긁어내어 녹지 않을 정도로 물에 재빨리 헹구어 말리고 불에 구운 다음에 가루를 내어 사용한다. 간장의 깊은 풍미가 섞여있으므로 맛소금 대용으로도 쓸 수 있다. 수년 이상 장기 숙성시킨 조선간장 항아리에서만 구할 수 있으므로 매우 희귀하며 파는 곳도 거의 없다.
- **사해소금 :** 사해의 소금은 염화마그네슘($MgCl_2$)의 비중이 가장 높아 50.8%이고, 염화나트륨은 30.4%에 불과하다. 일반 소금의 1/3에 불과하다. 여기에 염화칼슘 14.4%, 염화칼륨이 4.4% 들어 있다. 사해소금은 쓴맛이 너무 강해 특수한 용도 말고는 제한적이다.

- **게랑드 소금 플뢰르 드 셀**(Fleur de sel de guerande) : 프랑스 중서부 해안 염전의 특산품이다. 소금 결정들이 형성되면 바닥으로 가라앉기 전에 표면에서 갈퀴를 이용해 부드럽게 긁어서 수확한다.
- **히말라야 암염** : 암염종류 중 하나로 철분이 많으면 소금이 붉은 빛을 띤다. 암염은 정제염만큼 염화나트륨이 많다.
- **코셔 소금**(Kosher Salt) : 유대인들이 육류를 조리할 때 많이 사용하는 소금인데 사용성이 좋아 일반 요리사들도 많이 사용한다.
- **말돈 소금**(Maldon Salt) : 영국의 해안지역인 말돈에서 생산된다. 크리스탈처럼 입자도 크고 플레이크처럼 크런치하게 부서지는 느낌이 독특하다. 요리 마지막에 장식처럼 뿌리기도 한다.

지금은 식용보다 공업용으로 쓰는 소금이 훨씬 많다

1825년, 영국은 염세를 폐지한 최초의 국가가 되었다. 세금을 폐지한 것은 노동자를 위한 것이 아니라 산업계의 요구 때문이었다. 영국이 산업혁명으로 섬유 산업, 염색, 비누, 유리, 가죽, 제지업, 양조 산업 등의 화학 산업도 비약적으로 발전하자 소금에 대한 수요가 식품 산업보다 화학산업에서 훨씬 커졌다. 그래서 그들이 염세를 철회하라는 압력을 정부에 가한 것이다. 과거에는 소금 대부분이 식품에 쓰였지만 현재는 6% 정도만 식품에 쓰이고, 산업용으로 쓰이는 양이 비교할 수 없이 많다.

염세의 폐지는 특히 탄산나트륨(Na_2CO_3)제조에 있어 중요한 의미를 지녔다. 탄산나트륨은 비누의 원재료였는데 비누 수요가 증가하면서 대량으로 필요해졌다. 그전까지 탄산나트륨은 주로 자연 발생적 퇴적물에서 얻거나 다시마나 해초 같은 것을 불에 태우고 남은 재에서 얻었다. 이렇게 얻은 탄산나트륨은 불순물이 많고 공급량도 제한적이었다. 소금에서 탄산나트륨을 얻을 수 있다는 가능성이 발견되자 여러 연구가 수행되었고 1790년대, 아치볼드 코크런은 소금을 알칼리로 변환시키는 공정에 대한 특허를 취득했다. 그래서 코크런은 영국 화학혁명을 선도한 인물 가운데 하나로 여겨지며 알칼리 산업의 창시자로 여겨진다. 그리고 1860년대, 벨기에의 에르네스트 솔베이와 알프레트 솔베이 형제는 보다 개선된 방법을 개발했고, 그 방법은 아직도 탄산나트륨을 제조하는 방법으로 쓰인다.

또 하나의 나트륨 화합물인 수산화나트륨(NaOH, 가성소다)에 대한 요구도 많았다. 이것은 소금(염화나트륨) 용액에 전류를 통과시켜 대량으로 생산된다. 수산화나트륨은 가장 많이 생산되는 화학물질의 하나로 광석에서 알루미늄을 뽑거나 레이온, 셀로판, 비누, 세제, 석유제품, 종이, 펄프 등을 제조할 때 없어서는 안 되는 물질이다.

소금물을 전기 분해할 때 생성되는 또 다른 물질인 염소 기체는 처음에 쓸모가 없었으나 곧 훌륭한 표백제이자 강력한 살균제임이 밝혀졌다. 그래서 염소는 살충제, 중합체, 의약품 같은 수많은 유기화학제품 제조에 사용되고 있다.

▶ **동물의 사료:** 동물은 반드시 체내에 소금을 필요로 한다. 동물들은 자연 상태에서 생활할 때에는 염분이 많이 함유된 먹이를 스스로 찾아 먹기 때문에 자연스럽게 섭취가 된다. 그러나 사육을 할 때는 자연 상태와 다르기 때문에 사료를 생산할 때 반드시 소금을 섞어서 만든다.

▶ **공업용:** 비누의 원료인 가성소다, 암모니아소다 등의 소다류를 제조할 때 이용될 뿐만 아니라 합성연료, 비누, 합성고무, 석유정제, 요업, 화공약품 제조 등 여러 가지 용도로 사용되고 식품용보다 공업용으로 더 많이 사용된다.

▶ **의료용:** 현재와 같이 각종 의약품이 발달하기 전까지는 소금이 중요한 의약품이었다. 여름에 해수욕장에서 다친 상처는 덧나지 않고 상처가 잘 아무는 것은 소금이 지닌 소독 작용 때문이다. 감기예방, 축농증, 치질, 화상, 치통, 목이 아플 때 더위를 먹었을 때 자주 사용되었다. 병원에서 사용하는 링거액이라는 생리 식염수로 사용된다.

▶ **건설용:** 소금은 테니스코트 같은 운동장을 만들 때 깔기도 하고 건축자재와 지반 연결부분에 벌레가 침투하거나 부식을 방지하기 위해 사용한다. 씨름장의 모래에도 상당양의 소금을 뿌려주어야 한다.

▶ **제설용:** 빙점 강하작용이 있어서 제설용도로 다량 사용된다. 얼음에 소금을 넣으면 얼음이 녹고 그 물에 소금이 녹는다. 소금이 녹으면 빙점강하가 일어나 최고 −21.2℃까지 온도가 떨어진다. 포화 소금물은 −20℃에서도 얼지 않으므로 겨울철 도로의 동결방지에 사용된다.

▶ **전기**: 소금은 최근에는 태양열 발전소에서 모은 태양열을 저장하는 용도로도 쓰인다. 용해된 소금 혼합물은 566℃ 정도의 높은 온도의 열을 보존할 수 있고, 열 손실도 하루에 1℉ (0.556℃)밖에 되지 않는다. 태양열 발전소에서 맑은 날에는 파이프를 통해 열 교환실에 태양열을 전달받아 소금 에너지 저장소에 저장해 두었다가, 흐린 날에 다시 열 교환실로 보내 스팀을 만드는 방식을 사용한다.

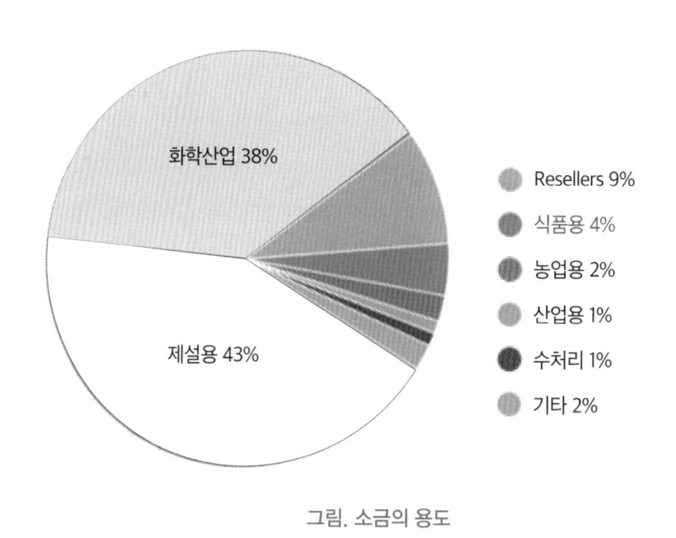

그림. 소금의 용도

6장

식품회사의 나트륨 줄이기 노력

짠맛은 크기가 딱 맞는 이온만 통과하는 수용체라서
마땅한 대체 소재를 찾을 수 없다.
나트륨 저감화가 어려울 수밖에 없는 이유이다.

출처_shutterstock

나트륨 대체 소재가 부족한 이유

1) 짠맛 대체 소재를 찾기 힘든 이유

과거에 그렇게 귀했던 소금이 생산기술의 발전으로 급격히 저렴해지자 소비자는 소금을 마음껏 사용하기 시작했고, 2g 이상만 먹으면 되는 것을 15g이 넘게 먹기도 했다. 그래서 부작용이 발생하자 나트륨 줄이기 운동이 시작되었다. 1992년 '소금 함량 표시법'을 제정하여 모든 가공식품에 나트륨 함량을 표시하도록 하였고, 여러 가지 노력을 해서 1972년 하루 소금 섭취량 14g을 2002년 9g으로 줄였다. 이러한 과정 중에 나트륨을 대체할 소재를 찾기 위해서도 많은 노력을 하였지만 아직 확실히 효과적인 소재는 개발되지 못했다.

사실 짠맛은 수용체의 구조상 나트륨을 대체할 소재를 찾기 힘들다. 혀의 맛봉오리에 있는 미각 세포의 단맛, 감칠맛, 쓴맛 수용체는 GPCR형이다. GPCR형은 더듬이처럼 분자의 일부를 더듬어서(결합해서) 작동하는 방식이라 분자의 일부만 비슷해도 작동한다. 그래서 단맛 수용체는 포도당과 유사한 형태의 당류뿐 아니라 당류가 아니면서도 설탕보다 수백 배 강력하게 결합하는 물질도 있다. 이에 비해 신맛과 짠맛은 이온채널형이다. 짠맛은 딱 나트륨과 특정이 같은 이온만 통과하여 활성화되는 수용체라 대체물질을 찾기 힘들다. 나트륨과 같은 1가 이온으로 리튬, 나트륨, 칼륨, 루비듐, 세슘이 있다. 나트륨보다 크기가 작은 리튬은 상쾌한 짠맛이 나지만 식품에 쓸 수 없다. 칼륨은 식품에 쓸 수 있지만 짠맛이 나타나기 전에 강한 쓴맛이 난다. 짠맛은 크기가 딱 맞는 이온만 통과하는 수용체라서 마땅한 대체소재를 찾을 수 없으니 나트름 저감화가 어려울 수밖에 없다

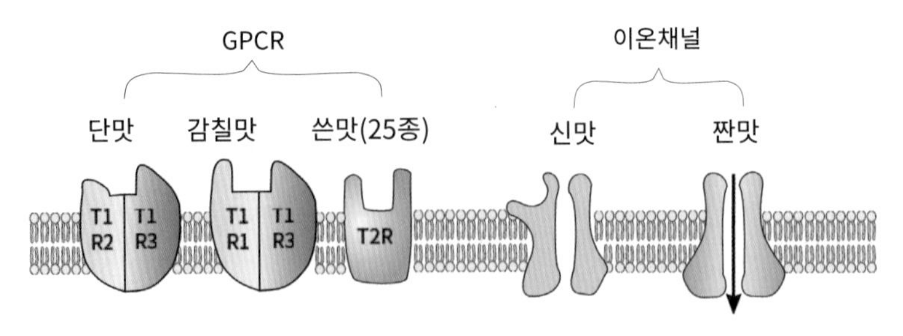

그림. 나트륨 칼륨 이온 통로

사용하는 소재와 기술

나트륨 줄이기에 염류 말고도 아미노산, 펩타이드, 유기산, 향기물질의 조합도 활용되고 있다.

[표] 국내에서 사용 중인 나트륨 저감화 기술

구분	소재
1. 짠 맛	염화칼륨 또는 혼합품 등
2. 맛 보강	효모추출물, 펩타이드, 핵산, MSG, 해조추출물, 다시마엑기스 등
3. 조직 보강	증점제사용 : 글루코만난, 카라기난 등
4. 공정제어	주정 등
5. 보존성	향균제, 키토산, 자몽추출물, 겨자 , 비타민B1 등
6. 이취체거	마스킹, 소취 성분 등

[표] 국내에서 사용 중인 나트륨 저감화 소재

분류	소재
아미노산	아르기닌 : 짠맛에 기여 아르기닌+Asp : 보다 효과적 라이신 : 쓴맛 없이 짠맛 향상 MSG
펩타이드	염기성 아미노산 Gly-Lue, Pro-Glu, Val-Glu 글루탐산올리고머: 쓴맛 억제 Orn-Tau, Orn-β-Ala, Lys-Tau Gly-O-CH3, Gly-O-CH2CH3 HVP, HAP with special microorganisms
유기산	젖산칼륨, 석신산, 사과산, 타타르산, 아디프산
향기물질	Alapyridain: 알라닌과 글루탐산의 메일라드 반응물 Alkyldienamide : IFF, 1~100ppm

저 나트륨 소금

염화나트륨(NaCl) 대신 염화칼륨(KCl)을 사용하면 나트륨 함량을 40% 정도 줄일 수 있다. 보통 염화나트륨과 혼합된 염화칼륨을 최대 50:50의 비율로 사용한다. 더 높은 비율이 사용될 때 쓴맛의 현저한 증가가 나타난다. 식물에는 나트륨보다 칼륨이 많다. 칼륨은 나트륨에 비해 초기에 쓴맛이 쉽게 발현되는데 예를 들어 로부스타 커피에서는 포타슘이 얼마나 있느냐에 따라 후미가 달라지는 경우가 있다. 칼륨 함량이 많으면 좋지 않은 맛이 된다. 칼륨은 나트륨보다 초기에 쓴맛이 쉽게 발현되므로 주의해야 하고, 신장 기능에 이상이 있는 경우 칼륨 배설도 제대로 되지 않으므로 무작정 많이 사용해서는 안 된다.

저염 제품을 개발하려고 하면 단순히 짠맛을 부여하는 소재 뿐 아니라 풍미를 보완하고, 식감을 유지하고, 보존성을 유지하고, 이취를 억

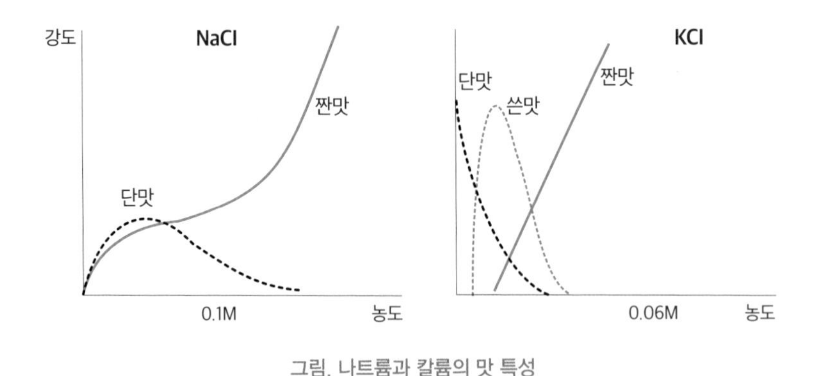

그림. 나트륨과 칼륨의 맛 특성

제하는 소재가 동시에 필요해진다. 그래서 나트륨 줄이기 기술을 일률적으로 적용하기 힘들다. 예를 들어 특정소재가 나트륨의 모든 기능을 하지만 단지 성능만 30% 부족하다면 그 소재를 30% 더 쓰면 해결이 되겠지만 소금의 역할이 워낙 다양하다보니, 여러 가지 수단을 동원해 소금이 원래 했던 기능을 보충해야 주어야 한다. 그렇게 해도 어느 정도 개선하는 정도이지 완전하지는 않다.

소금의 형태에 따라 효과가 다르다

감자 칩처럼 소금을 표면에 도포하는 경우, 소금 입자의 크기를 변경하면 적은 양의 소금으로 동일한 짠맛을 제공 할 수 있다. 소금 맛을 내기 위해서는 입에서 녹아야 하는데 보통의 소금 입자는 입에서 바로 완전히 용해되지 않다. 소금 입자의 크기를 변경하면 입에서 잘 녹게 하면 짠맛을 즉시 느끼게 되어 사용 양을 다소 줄일 수 있다.

소금의 입자의 형태를 바꾸어서 양을 줄일 수도 있다. 전분에 얇게 소금을 코팅하거나 에멀션을 만들어 표면에 소금을 집중시키면 비록 속에는 소금이 없어도 겉에서 짠맛을 효과적으로 느낄 수 있다. 만약에 마요네즈와 같은 에멀젼을 만들면 기름방울에는 지용성 성분만 있고, 소금 같은 수용성 물질은 물 층에 집중하게 되므로 전체적인 함량은 같아도 입에 물 층이 먼저 닿는다고 여기에 농축된 형태의 소금과 접촉하므로 짠맛을 강하게 느낄 수 있다.

감칠맛은 짠맛과 조화로 빛을 발휘한다

글루탐산은 소금의 사용량을 줄이는 방법이 되기도 한다. MSG를 소량 첨가하면 소금의 양을 20~40% 줄이고도 그 정도로 만족스러운 맛을 낼 수 있다. MSG를 0.38% 넣으면 소금을 0.4%만 넣어도 0.9%를 넣은 것 같은 맛을 느낄 수 있다. 따라서 소금의 농도가 0.9~1% 정도에서 최적일 때 MSG를 넣게 되면 0.7~0.8%로 최적 농도가 낮아지고 맛은 더 좋아진다. 핵산계 조미료도 마찬가지 기능을 한다. 이것은 맛 성분이 서로서로 영향을 주는 것은 매우 일반적인 현상이다. 단맛에 짠맛이 일부 추가되면 단맛이 더 강해진다. 감칠맛은 짠맛이 있어야 제대로 감칠맛이 난다. 짠맛에 약간의 신맛을 추가하면 짠맛이 진해진다. 신맛이 강할 때 단맛을 추가하면 신맛이 약해진다. 신맛이 강할 때 짠맛을 추가해도 신맛이 약해진다. 쓴맛은 단맛이 있으면 덜 쓰

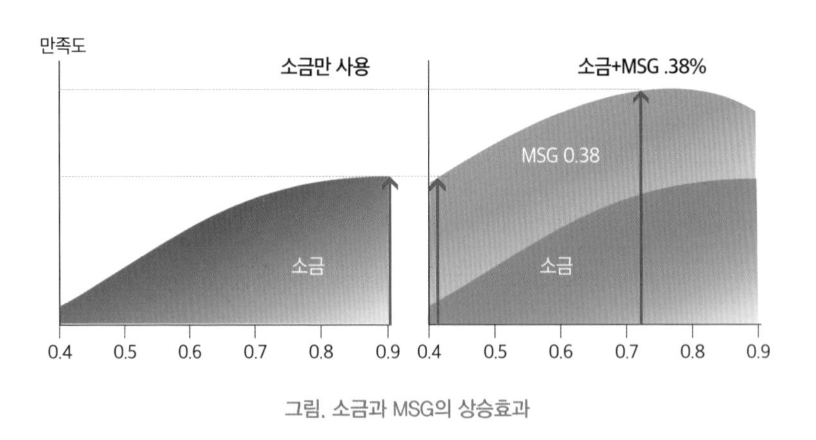

그림. 소금과 MSG의 상승효과

게 느껴진다. 신맛과 짠맛 또는 단맛과 신맛이 어울리면 맛이 조화롭게 된다.

2) 소금의 용해기능 : 염용해와 염석

소금은 pH는 바꾸지 않지만 염농도를 달리해기 때문에 단백질에 많은 영향을 줄 수 있다. 이온이 단백질 사슬간의 정전기적 인력 제거하면 용해도가 증가하고(염용해: salting in), 고농도에서는 단백질의 음이온이나 양이온 주변을 둘러싸고 있는 물 분자를 빼앗아 단백질의

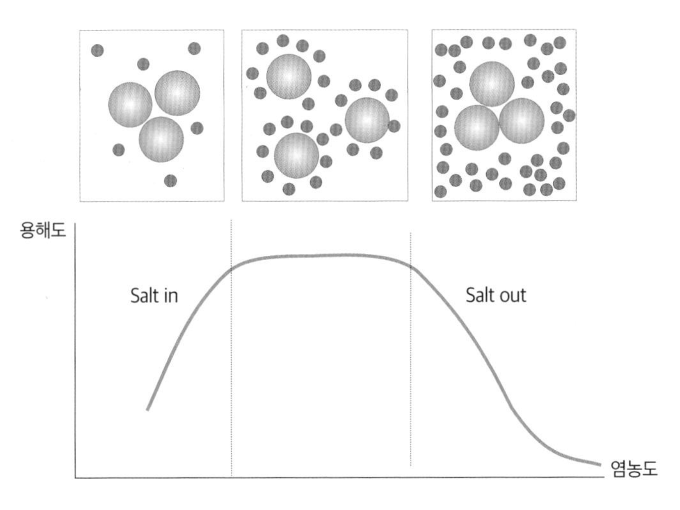

그림. 단백질 용해도에 염농도 효과

용해도를 낮춘다.(염석: salting out)

소금은 특정 단백질에서 단백질 사슬 간에 반발력을 상쇄시켜 겔을 형성하기도 한다. 계란 단백질의 경우 특히 pH와 이온 농도에 복잡한 영향을 받는다. 염 농도에 따라 투명한 겔을 만들 수 있고 불투명한 겔을 만들 수도 있다. 투명한 겔은 사슬구조가 잘 만들어진 것이라 매우 효과적으로 겔을 형성한 것이고, 염농도가 과대하여 단백질이 부분적으로 응집되면 불투명한 겔이 된다. 칼슘, 마그네슘 이온이 단백질이 풀리기 전부터 있으면 단백질 사슬을 붙잡아 용해되거나 풀리는 것을 방해하여 겔을 약화시키고, 단백질이 완전히 용해되고 풀린 상태에서 첨가되면 겔을 단단하게 만든다. 물성은 단순히 양 뿐만 아니라 순서와 공정도 중요한 이유다.

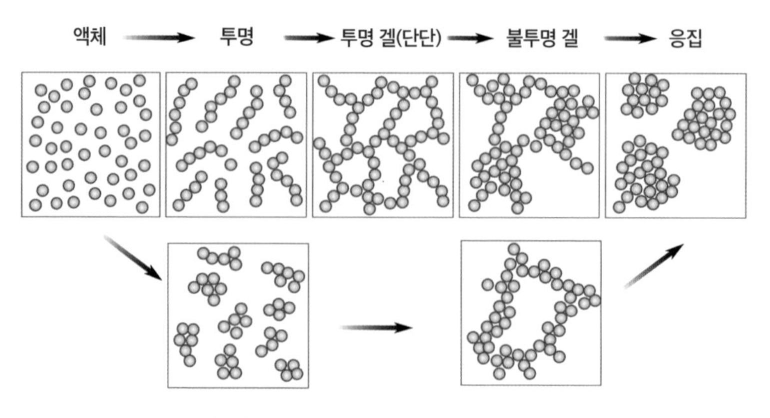

그림. 염농도 증가에 따른 계란단백질의 겔화 패턴

장독이 얼어서 깨질 정도면 얼마나 추운 날씨일까? 지금은 집에서 간장을 담지도 않아서 간장독이 없지만 옛말에 "아이와 장독은 얼지 않는다."는 말이 있었다. 겨울에 물은 얼어도 장독은 잘 얼지 않았기 때문인데 장독이 잘 얼지 않은 것은 소금을 많이 사용하여 물의 어는 점이 훨씬 낮아졌기 때문이다.

순수한 물이라면 0도에서 얼겠지만 물에 용매가 녹아 있으면 빙점이 낮아진다. 아이스크림은 여러 물질이 물에 녹아 있으므로 보통 -2.5도 전후에서 얼기 시작한다. 이것을 빙점강하라고 하는데, 알코올이 많이 녹아 있는 술이 잘 얼지 않고, 바닷물이 호수의 물보다 잘 얼지 않는 이유이다. '빙점강하((어는점 내림)'는 하는데 물에 녹은 물질의 종류에 무관하게 물질의 분자의 숫자에 비례한다. 따라서 같은 양을 넣어도 분자가 작은 것이 분자의 숫자가 많아 빙점강하가 많이 일어난다. 이러한 성질을 이용하면 일정량을 물에 녹인 후 빙점강하를 측정하여 분자량을 계산할 수도 있다.

사실 중요한 것은 동결이 시작되는 빙점보다 얼면서 계속 낮아지는 빙점의 변화이다. 만약에 설탕 20%인 용액 100g을 절반 정도 얼렸다면, 용액의 50%(물 40g + 설탕 10g)는 얼고 나머지 물 40g과 설탕 10g이 얼지 않은 상태로 있는 것이 아니라, 물 50g이 얼고 나머지 물 30g과 설탕 20g이 얼지 않는 상태가 되어 얼지 않는 부분은 설탕 농도가

40%(20/50)가 되는 것이다. 빙점은 처음보다 훨씬 낮아진다. 그리고 70% 얼렸다면 물 70g은 얼고, 얼지 않는 물 10g에 설탕 20g이 녹은 상태라 67%(20/30)의 설탕물이 된다. 설탕의 비율이 높아진 만큼 동결되는 온도는 더욱 낮아진다. 빙점강하가 많이 일어날수록 냉동고에서 막 꺼낸 식품의 부드러움이 증가한다.

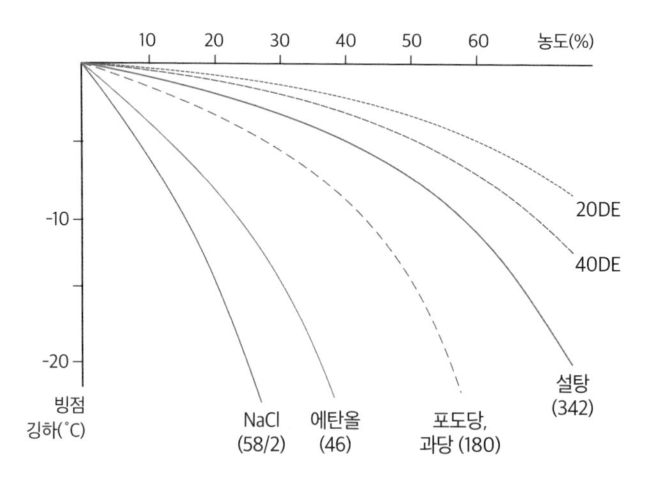

원료	효과
설탕, 유당, 맥아당	1.0
포도당, 과당, 솔비톨	1.9
자일리톨, 에리스리톨	2.5
글리세롤	3.7
소금	5.9
알코올	7.4

그림. 원료별 빙점강하효과

소금은 온도가 낮아지면서 용해도가 떨어지는데, 최대 빙점강하온도는 −21.12℃로 23.31 wt%의 소금이 녹은 상태다.

[표] 식품의 일반적인 수분함량과 동결온도

식품	수분함량	동결온도(℃)
채소, 과일	78~95	-2.8 ~ -0.8
고기	55~70	-2.2 ~ -1.7
생선	65~81	-2.0 ~ -0.6
계란	74	0.5

식품 종류별 나트륨 줄이기 기술

1) 식품종류별 나트륨 감소대책

▶ 소금은 기본적으로 식품과 음료에 짠맛을 주며 식품 고유의 풍미를 높여준다. 소금의 기능은 제조과정에서 복합적으로 나타나므로 이것을 각각 분리해서 독립적으로 평가하기 어렵지만 저장성에 도움이 되고, 식품의 제조, 가공에 도움을 주며 물성에도 상당한 영향을 준다.

▶ 짠맛은 염화리튬LiCl 같은 다른 몇 개의 무기염에서도 느낄 수 있는데, 양이온이 짠맛이 나게 하고, 음이온이 짠맛을 다르게 느껴지게 한다.

- ▶ 칼륨과 다른 알칼리 양이온은 짠맛과 쓴맛을 동시에 가지고 있다.
- ▶ 염소이온은 맛에는 영향을 주지 않고 짠맛을 억제한다. 구연산염은 인산염보다 짠맛을 더 억제한다.
- ▶ 향을 높여주는 효과가 있고, 많은 제품에서 풍부한 맛을 준다.
- ▶ 감자칩 같이 조미된 감자제품에서 짠맛은 소비자가 좋아하는 중요한 맛 특성이다.
- ▶ 옥수수 토틸라칩에서 소금이 맛과 조직(crispy)에 큰 영향을 준다.
- ▶ 에멘탈치즈는 선호도는 신맛과 짠맛정도에 따라 상관관계가 있었고, 이 경향은 고지방일 때 더 두드러진다.
- ▶ 소시지에서는 수분활성도, 조직의 단단함, 풍미에 중요한 역할을 한다. 그리고 보존성도 높인다.
- ▶ 절인 배추에서는 배추의 순을 죽여 작업을 용이하게 하고, 발효를 조절하는데도 역할을 한다. 피클을 만들 때도 중요하다
- ▶ 캔 제품에 있어서 소금은 미생물에 대한 안정성을 높이고 풍미도 높인다.
- ▶ 완전 유화된 소스(마요네즈, 샐러드드레싱)와 유화되지 않은 소스(미트소스, 브라운소스) 모두에 있어서 소금은 미생물억제와 안전성에 있어서 식초 다음으로 중요한 원료다. 소스제품에서 소금을 줄이면 맛과 향 뿐 아니라 조직과 식감까지도 달라진다.

[표] 다양한 식품에서 소금의 역할

식품류별	소금의 역할
빵	향미 증진, 효모생육 및 발효 조정, 식품의 물성 향상, 저장성 향상
식사용 시리얼	향미 증진, 식품의 식감 향상
마가린, 스프레드	향미 증진, 저장성 향상
소스, 피클	향미 증진, 저장성 향상, 저장 중 피클조직 유지, 피클제품의 산막형성 방지
조미된 스낵	향미 증진, 팽창제품 조직 향상, 시즈닝 분말의 흐름성개선으로 정확한 개량이 쉬워짐
고기 가공품	향미 증진, 저장성 증진, 보습력 및 결착력 증대
치즈	향미 증진, 초기 세균 대사활동 줄이는데 도움 줌, 효소활성 조절한다(치즈숙성에 중요한 역할)

고기와 육가공품

▶ 고기와 고기가공품은 아주 옛날부터 소금을 보존료로 사용하여 안전성을 높였다. 오늘날에는 캔제품, 냉동제품, 가스포장 같은 많은 보존기술이 발달하여 보존성을 위한 소금의 역할은 줄어들었고, 소금 단독으로 보존성을 부여하는 것이 아니라 다른 소재나 가공 공정과 어울려 보존성을 높이고 있다.

▶ 소금은 고기를 부드럽게 하는데 이는 소금이 고기의 보습능력을 높여 주기 때문이다

▶ 소금이 단백질에 영향을 미친다.

소금(0.4−1.5M, 3~9%)의 고농도에서는 근육원섬유myofibrils가 팽창하는데 팽창의 정도는 고기 가공 중 얼마나 수분을 흡수했는

지에 따라 달라진다.

▶ 피로인산염은 소금과 상승작용을 하여 고기의 수분을 잡아주는 능력을 향상시킨다.

▶ 소금은 고기 결착력을 증가시켜준다. 이것은 고기가공품의 품질을 높여주고 제조공정에 있어서 매우 중요한 역할을 한다. 소금이 단백질조직의 결착력을 증가시키는 기작은 :

– 소금은 물에 추출된 단백질(미오신)의 함량을 증가된다.

– 열이 단백질조직에 가해져 일어난 이온과 pH변화가 결착력 있는 3차원구조를 만든다.

▶ 고기 에멀션에서 소금에 단백질이 풀어져 지방을 유화시키는 능력을 높인다. 특히 pH값이 등전점에 가까울 경우 소금은 등전

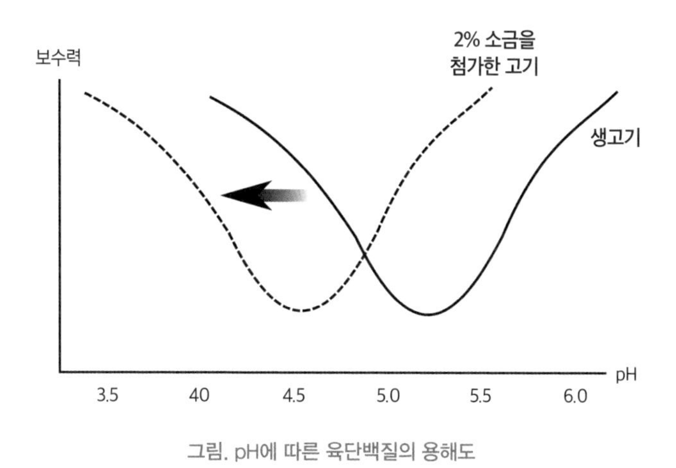

그림. pH에 따른 육단백질의 용해도

점을 낮추는 역할을 하여 보수성이나 유화력을 유지하는 역할을 한다.

▶ 고기를 갈고 성형하여 만드는 제품은 소금에 의해 단백질의 변화에 주의 해야 한다. 단백질이 달라지면 물과의 작용(보수력), 다른 단백질과의 작용(meat binding), 지방과의 작용(유화력)이 달라진다.

▶ 햄·소시지 생산 시 품질에 영향을 미치는 가장 중요한 과정은 물과 지방을 얼마나 효과적으로 붙잡는가이다. 고기자체가 가지고 있는 물과 추가로 첨가되는 물을 어떻게 육단백질이 잘 결합하여 유지하느냐와 여기에 지방을 어떻게 잘 결합시키느냐에 따라 품질이 달라진다. 물론 이런 조건에는 고기의 상태, 단백질의 비율, 가공 조건 등이 중요하지만 소금과 인산염의 농도도 중요한 역할을 한다.

식육가공품은 소금을 줄이면 맛, 조직감, 이취 등의 품질문제가 발생하기 쉽다. 고기 단백질은 적당한 염용액에서는 용해도가 증가하여 점도와 탄력이 증가하는데 소금을 줄이면 고기 단백질이 잘 녹지 않아 제 역할을 하지 못하게 된다. 그래서 발생하는 고기의 결착력 저하 문제를 해결하기 위해 증점제인 글루코만난이나 카라기난 등이 사용되고, 돈취 제거를 위해 소취 성분이 활용된다. 육제품의 맹독성 물질을 만들 수 있는 보툴리늄 증식을 억제하는데 아질산나트륨이 매우 효과적이고, 우리나라는 가공육을 많이 만드는 선진국의 1/10수준만 사용하여 훨씬 안전한 수준인데도 부정적인 인식이 강하여 사용이 힘든 것이 유감이다. 아질산은 색을 부여하는 것이 아니고 색소의 산화를 막는 것이고, 위험한 식중독균의 발육을 억제의 기능이 더 크다. 또한 햄 제품의 경우 그대로 섭취하게 되는 경우가 많으므로 어묵제품보다 같은 소금함량일 경우 더 짜다는 인식이 있다.

일반 식육가공품보다 캔 포장제품의 경우 캔 틀에 의한 결착 효과가 있어서 유리하고, 멸균 처리를 함으로 보존성도 문제도 적다.

수산 연제품 가공

연제품이란 어육에 적당량 소금(2~3%)과 부재료를 넣고 갈아 만든 연육(고기풀)을 찌고, 건조 또는 가열하여 겔화시킨 제품을 말한다. 연육은 생선 근육을 갈면 같이 끈적끈적하게 되는데 이것을 냉동 시 품질이 변하는 것을 막기 위해 설탕과 소르비톨을 첨가한 후 냉동상태로 보관한 것을 말한다. 이것에 소금과 물을 첨가하여 조직감이 좋은 연육 겔을 만든다.

연제품은 어종이나 생선의 크기에 관계없이 다양한 원료를 사용할 수 있고, 맛의 조절이 자유롭고, 어떤 소재라도 배합이 가능하며 바로 섭취할 수 있다. 연제품은 용액을 가열하면 졸이 되고 식히면 겔이 되는데 다시 가열한다고 해도 졸이 되지 않는 불가역성 성질을 이용한 것이다.

어육단백질은 미오겐(단백질의 20%, 원형이며 물에 잘 녹고, 탄력성과는 관련이 적음)과 미오신(단백질의 60~70%, 가늘고 긴 모양으로 보통 액틴과 결합한 상태로 존재하며 탄력형성에 직접 관여 한다, 염 용액에 용해된다) 그리고 불용성인 콜라겐과 엘라스틴 등으로 이루어져 있다.

어육 만을 이용해 고기갈이하고 가열하면 다량의 드립(물 빠짐)이 발생되고 응고는 되지만 탄력 있는 식감이 되지 않는다. 어육에 2~3%의 식염을 가하여 고기갈이하고 가열해야 드립의 발생이 없이 탄력이 있는 겔로 변한다. 소금이 생선의 단백질을 잘 풀어지게 하여 제 역할을 하게 하는 것이다

보통 어묵의 소금함량은 식육가공품(햄)과 비슷한 수준이나 육가공

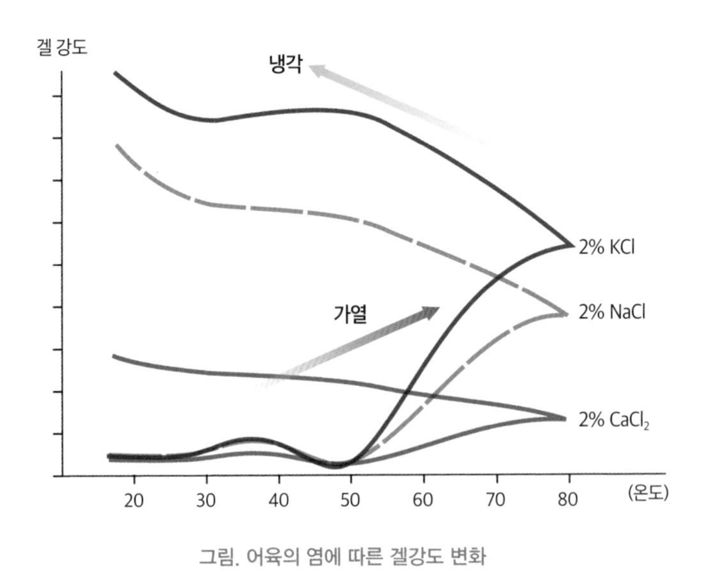

그림. 어육의 염에 따른 겔강도 변화

품보다는 덜 짜게 느낀다. 어묵을 그대로 먹기보다는 육수에 담가 삶기는 과정에서 다소 희석되기 때문이다.

어묵의 경우도 소금을 줄이면 맛과 조직감 뿐 아니라 공정상 어려움도 있다. 원료인 어육은 어육자체 염도가 있는데 어종에 따라 차이가 있고 잡히는 계절에 따라서도 조금씩 차이가 있어서 제품 생산 시 염도를 보정해준다. 저가의 어묵 제품의 경우 어육함량이 낮고 밀가루 함량이 높아 나트륨 함량이 비교적 낮다.

제빵과 케이크

- ▶ 빵은 글루텐의 형성이 중요한데, 어떤 빵이던 소금을 사용하는 경우가 많고, 소금이 제품의 품질에 큰 영향을 준다.
- ▶ 소금은 효모의 발효에도 영향을 준다. 소금을 불충분하게 사용하면 과도한 발효가 일어나 안 좋은 조직의 원인이 된다. 반대로 소금을 너무 많이 사용하면 삼투압 등의 효과로 효모발효가 억제된다. 그래서 소금의 사용량이 많아질수록 발효 시간이 길어지고 짠맛이 강해진다.
- ▶ 소금은 또한 밀가루글루텐을 안전성 높이고, 덜 늘어나게 하여 잘 달라 붙지 않게 하여 다루기 쉽게 해주는 역할을 한다.
- ▶ 양산 빵에서는 곰팡이가 피지 않도록 상대습도를 조절하는 것이 중요하다. 이때 설탕이 큰 역할을 하는데, 설탕을 기준(1.0)으로 다른 원료의 상대적 효과(Sucrose equivalent)로 환산하여 사

용한다. 소금의 효과는 설탕의 약11배 정도로 크지만 사용량이 0.3~0.6% 적기 때문에 소금에 의한 효과는 적다.

밀가루는 쌀가루에 비해 훨씬 다양한 형태로 가공되는데 이것은 밀가루의 단백질인 글루텐 덕분이다. 밀을 제외하면 호밀 정도가 이런 물성을 낼 수 있고, 보리에도 글루텐이 소량 있지만 반죽을 부풀리기에는 역부족이고, 쌀, 메밀, 퀴노아에는 글루텐이 없다.

글루텐은 아주 길고 용수철 형태를 가진 글루테닌 분자는 중간 부분의 아미노산이 주변의 글루테닌 사슬의 극성이 비슷한 아미노산

[표] 원료별 sucrose equivalent

원료명	sucrose equivalent
설탕	1.0
밀가루	0.2
지방	0
마가린, 버터	0.2
전란	0
탈지분유	1.2
baking power	3
소금	11
42DE 물엿	0.7
sorbitol	2
glycerol	4

과 약하고 한시적인 결합을 형성하여 탄력적인 조직이 된다. 즉 글루텐은 특정한 단백질의 이름이 아니라 글리아딘(gliadin)과 글루테닌(glutenin)이라는 단백질이 만나 형성된 거대한 그물구조의 단백질 복합체를 말한다. 즉 글루텐은 원래부터 밀에 존재하는 것이 아니고 밀가루에 물을 넣고 치대서 만든 구조물의 이름인 것이다. 이 네트워크의 특성은 반죽시간과 강도 그리고 반죽의 기술 등에 영향을 받는다.

소금은 글루텐의 그물구조를 강화시킨다. 소금의 나트륨(+)과 염소(–) 이온이 단백질의 전하를 띤 부분을 마스킹하여, 단백질의 반발력이 없어져 단백질들이 서로 더 가까이 다가가 더 광범위하게 결합할 수 있도록 해주기 때문이다. 그래서 빵 반죽의 물성 개선효과가 크다. 반죽의 점탄성이 높인다.

또한 단백질의 분해 효소인 프로테아제의 활성을 억제시키고, 발효를 촉진한다. 소금이 너무 많으면 삼투압이 높아져 효모의 발효를 저해할 수 있지만 적당히 조절하여 잡균의 번식을 억제하고 향미를 증진시킨다. 계란 흰자의 거품을 일으킬 때 소금을 적당량 투입하면 흰자를 강하게 기포시켜 준다. 소금은 유지와 함께 있으면 고소한 맛을 증가시켜 주고, 설탕과 함께 있으면 감미를 높여 준다.

면류(라면, 우동, 냉면)

면류에서는 소금은 면보다 스프에 다량 함유되어 있다. 면류에는 상대적으로 소금 양이 적지만 이정도도 글루텐 형성에도 영향일 준다. 만약 소금양을 바꾸면 반죽의 물성이 변하면 맛과 식감뿐만 아니라 공정에도 영향을 주어 복잡한 문제를 일으킬 수 있으므로 쉽지 않다. 면류 중에 압출(Extruder) 방식으로 만드는 경우는 소금을 제거해도 영향이 별로 없는 경우도 있다. 우동의 경우는 제조공정에서는 반죽에 4% 정도의 소금을 첨가 하는데 뜨거운 물에서 증숙하는 과정에서 소금이 제거되어 최종 면제품에는 0.8%만 남게 된다.

스프에서 소금 양을 줄이면 분말스프의 경우에는 흐름성이 나빠져 정확한 무게정량이 힘들어지는 공정상의 문제가 발생하고 액상스프의 경우에는 보존성이 떨어진다. 맛에 있어서는 MSG 같은 감칠맛 성분을 추가하면 소금의 사용량을 줄여도 같은 풍미를 내주지만 아직도 부정적인 인식이 있어서 효모추출물, 해조추출물 같은 것으로 감칠맛을 높여 소금의 감소의 영향을 줄인다.

기능성 음료

▶ 과도한 운동은 땀과 호흡으로 수분이 체내에서 빠져나가 탈수, 열 쇼크를 받게 되어 심하면 죽음에 이르기 까지 한다. 이때 치료방법을 빠르게 수분보충과 에너지를 보충해주는 것이다

▶ 대부분의 수분보충음료들은 약간 낮은 삼투압이거나 동등한 삼투압이다. 고삼투압에서는 수분의 흡수속도가 떨어뜨리기 때문이다.

▶ 소금형태로 첨가된 나트륨은 물의 흡수력을 높인다. 스포츠음료

에서의 소금은 맛을 위해서가 아니라 생리학적 이유로 사용되어지고 있다.

채소 피클

- ▶ 소금은 피클제품에서 보존료로서 중요한 원료다
- ▶ 채소를 절일 때는 주로 분말상태의 소금이 사용되지만, 경우에 따라서는 젓산, 식초에 녹여져서 사용되기도 한다.
- ▶ 피클용 양배추에는 많은 미생물이 존재하는데 8~11% 소금물에 절이면 부패하는 것으로부터 보호된다.
- ▶ 소금은 발효 속도를 조절하고 원치 않는 미생물은 증식을 억제한다.

[표] 가공식품류별 소금의 기능

가공식품류	맛	보존성	조직감	공정	이취억제
식육가공품	○		○		○
면류(라면,우동)	○	○	○	○	
소스류	○				
젓갈류	○	○			○
된장	○	○		○	
간장	○	○		○	
어묵	○		○	○	

상온용 소스

이들 소스는 보존성은 설탕, 소금, 식초 등의 영향을 받는다. 소스류에서 소금을 줄이면 그 즉시 풍미가 떨어지므로 적절히 향미를 보완해야 저염화를 할 수 있다. 다시마엑기스, 조미료 등 향미증진제를 사용하는데 복합적인 염을 사용하고 산도를 조절 한다. 신맛정도에 따라 짠맛 느끼는 강도가 달라지므로 산도를 조절하여 소금을 줄이더라도 같은 강도의 짠맛을 느끼도록 하는 것이다.

간장, 된장

간장, 된장에서 특별한 염 대체제는 없고 저염화를 하려면 그만큼 더 발효공정관리를 잘해야 한다. 대비책이 없디 무작정 소금을 줄이게 되면 이상발효가 일어나기 쉽다. 유통 중에 보존성도 떨어져 세균, 곰팡이, 산막효모 증식 등이 일어날 수 있기 때문에 미생물의 증식을 억제할 항균제, 키토산, 자몽추출물, 비타민B1등을 사용하기도 한다. 그리고 풍미의 저하는 MSG, 효모추출물, 조미소재 등을 사용하여 보강한다.

된장의 염도는 제품마다 차이가 있으며 "메주"가 들어간 한식된장(재래식된장)은 12~13%(고염도)이며, 개량식된장은 10~11% 정도이다. 업소용으로는 개량식으로 많이 나가고 가정용은 한식된장이 다수 차지하지만 전체적으로 개량식의 비율이 높다. 된장의 10~11% 정도의 염도를 8%까지 낮추는 것을 시도하지만 쉽지 않다. 된장을 염도

8%까지 낮추면 맛이 시어지고, 효모에 의한 이상발효로 용기팽창, 색상 저하(갈변 심화) 등의 문제점이 발생한다. 그래서 산막효모를 제어하기 위해 비타민B1, 겨자 등을 첨가하여 보존성을 보완하기도 한다.

된장에 항균제, 키토산, 자몽종자추출물 등을 써서 발효이상을 제어할 수 있겠지만, 제조원가 상승 및 표시사항의 변경이 필요하다. 키토산과 항균제 등을 사용할 경우에도 발효 중에 넣어서는 안 되며, 최종 단계에서 첨가해야 하는데, 추가적인 오염방지기능의 기능을 하나, 발효 과정의 컨트롤에는 도움이 안된다. 그나마 개량식 된장이 한식된장보다 공정상 컨트롤하기 유리하다.

한식된장은 염도가 높은 편인데 메주 포함되어 줄이기 어렵다. 저염화를 위해 주정을 첨가하기도 한다. 발효과정 중 1~2%가량 알코올 성분이 생성되는데 추가적으로 알코올을 첨가하여 발효를 제어하기도 한다.

저염 간장의 경우 소비자들이 저염 정도보다는 맛을 중시하여 매출이 적다. 그래서 맛 보완하기 위해 펩타이드 등을 적용하였으나, 식염을 대체할 수 있는 물질이 아직 없다.

젓갈류

젓갈류에서 소금을 줄이면 맛, 보존성, 이취(비린취)제거 측면에서 품질문제가 발생한다. 맛 측면에서는 저염으로 떨어지는 맛은 다시마 엑기스, 복합조미료 등을 사용하여 감칠맛을 보강한다. 보존성측면에서는 유통기한을 단축하거나 냉장유통을 냉동유통으로 변경하는 등으로 해결해 나가고 있다. 예를 들면, 기존제품(소금7%)은 유통기한이 50일인데, 저염 제품(소금5%)은 30일로 단축해서 판매한다. 소금 양을 4%수준까지 줄이면 냉동유통을 해야 한다.

2) 국내 식품회사의 대응 형태

국내 식품회사들도 나트륨 줄이기 요구에 맞추어 소금 사용량을 줄이려 하지만 쉽지 않다. 나트륨을 줄여 건강도 좋아지고 매출도 좋아지면 정말 좋겠지만, 소금을 줄이면 제품의 품질이 떨어지고 소비자의 만족도가 떨어져 매출도 떨어지는 경우가 많다. 식품회사는 소금을 줄여야 한다는 데는 동의하여 나름 저염제품을 출시를 하고 있지만 그것이 판매로 잘 연결되지 않다보니 저염화 추세는 느린 편이다.

소금은 단순히 짠맛이 아니라 여러 가지 기능을 동시에 수행하기 때문에 무작정 소금을 줄이면 다양한 품질문제가 발생한다. 소금을 줄일 때 맛, 식감, 이취 등의 문제를 모두를 해결해야 기존제품과 동일한 품질을 가질 수 있는데 쉽지 않다. 식품기업은 저염 제품이라고 해도 맛이 떨어지면 소비자가 외면하므로 기존 제품과 동일한 품질을 유지하는 것을 원칙으로 하고 있다. 그래서 각 회사가 차이식별검사와 소비자선호도 조사결과가 회사 나름대로의 기준치에 도달해야만 개선을 진행하고 있다.

나트륨 줄이기는 제품의 보존성(안전성)에도 영향을 준다. 식품은 안전이 최우선 과제인데 만약 소금 대신에 다른 대체재를 사용했는데 그래서 안전성이 떨어지면 안 된다. 국내에서는 첨가물의 이슈가 많아 법적으로는 아무 문제가 없어도 업계에서는 시비에 걸리지 않으려 첨가물을 기피하는 경우가 많다. 예를 들어 소금대신 염화칼륨과 쓴맛을 억제해주는 향료소재를 같이 사용하면 일정부분 소금을 줄일 수 있다. 그런데 만약 신장염 환자가 이슈가 되면 나트륨을 줄이려다 칼륨함량이 높은 제품이라고 사회적 지탄을 받을 수 있다. 그래서 우리나라는 외국보다 염화칼륨의 적용을 꺼리는 편이고 향료의 사용 또한 활용을 꺼린다. 우리나라는 그만큼 더 어려운 저염 기술이 요구되고 있다. 그리고 우리나라 식품회사는 저염 제품을 개발해도 회사 상황에 따라 저염표시를 강조하지는 않는 경우도 있다.

▶ **"저염 무표시"**, 판매되는 제품의 나트륨 함량을 줄였으나 제품포장에는 나트륨 함량 줄인 사항을 강조표시 하지 않는 경우이다. 시장에 흐름에 동참하여 나트륨함량을 높은 것부터 천천히 저감화하여 경쟁제품보다는 나트륨함량이 적게 하는 것을 목표로 한다. 소비자보고서 등 유사제품의 품질비교 결과 발표 시 경쟁사보다는 나트륨이 적게 나와 부정적 이슈에 덜 노출되고자 하는 방어적 성격이 강하다. 국물로 인해서 기본적으로 소금함량이 높을 수밖에 없는 라면, 우동,

냉면 제품 등 면류제품의 경우, 언론에 부정적인 순위로 등장하는 경우가 많은 데 이때 경쟁사보다는 덜 나쁘게 보이고자 하는 전략을 취한다.

▶ **"저염 표시"**, 기존제품대비 25% 나트륨 줄이면 포장지에 표시가 가능한데, 나트륨을 줄이고 전면에 표시하여 소비자에게 적극적으로 알리는 경우이다. 된장, 간장, 햄, 조미료 등에서 점점 저염을 중요시 여김에 따라 저염을 강조해 표시하고 있다.

▶ **"저염을 브랜드로 사용하는 제품 출시"**, 매우 적극적으로 저염제품을 개발하여 시판하는 경우이다. 상품명도 "저염 OO간장 "처럼 소비자에게 확실히 상품의 특징을 강조한다. 아직 이런 제품은 많지 않다. 이런 제품의 매출이 늘어나는 시기가 오면 식품회사들이 경쟁적으로 저염제품을 출시할 것이다.

마무리

소금은 인류 최후의 첨가물일 것이다

우리는 의사나 보건당국으로부터 소금(나트륨)을 적게 먹으라는 조언을 정말 많이 받았다. 최근 보건당국이 가장 노력한 것 중의 하나가 나트륨 줄이기이고 나름 성과도 있었다. 지금은 소금이 천덕꾸러기 취급을 받지만 불과 100년전 만 해도 전혀 다른 대접을 받았다. 금처럼 귀한 대접을 받은 것이다. 우리는 음식의 맛을 위해 온갖 풍미물질을 사용하는데, 단맛을 위해 설탕 같은 추가하지 않아도 우리가 살아가는 데는 아무런 문제가 없고, 새콤한 맛을 위해 식초, 감칠맛을 내기 위해 MSG를 또는 향을 위해 향신료를 사용하지 않아도 우리가 살아가는데 아무런 문제가 없다. 하지만 소금만큼은 반드시 넣어야 한다. 여러 식재료에 존재하는 양으로는 우리가 생존에 필요한 양을 충족하기 힘들기 때문이다.

더구나 최근 까지도 천일염과 정제염 논란이 많았다. 천일염은 미네랄이 풍부한 건강한 소금이고 정제염은 미네랄이 없어서 나쁜 소금이라는 것이다. 나트륨과 염소 자체가 우리 몸에 가장 중요한 미네랄의 하나이고 그것은 정제염에 더 많은데도 그렇다. 이런 것을 보면 우리는 소금에 대해 제대로 알지는 못한 것 같다. 사실 지금도 시중에는 소금에 대한 책이 제법 있지만 소금을 인문학적 관점에서 다룬 책이 대부분이지, 우리 몸은 왜 그렇게까지 소금을 좋아하는지, 우리 몸에서 어떤 작용을 하고, 왜 그것을 대체할 만한 소재가 없는지 등에 종합적으로 다룬 책은 없다. 90가지가 넘는 원자 중에서 왜 하필 나트륨을 오미 중의 하나인 짠맛으로 감각할까와 같은 핵심적인 문제는 질문 자체가 없었던 것이다. 그래서 소금에 대한 책을 쓰게 되었다.

내가 천일염/정제염 논란이 있을 때에 가장 아쉬웠던 것이 그렇게 미네랄에 대해 말을 많이 하면서 왜 아무도 이상적인 소금의 규격에 대하여 말하지 않느냐는 것이다. 가장 이상적인 소금의 규격이 있다면 우리는 쉽게 어떤 소금이 가장 좋은 소금인지 판단할 수 있을 것이다. 바닷물에는 있는 성분 그대로가 가장 이상적인 소금일까? 그렇다면 바다 물 그대로 동결 건조한 소금이 가장 이상적인 소금일 것이다. 하지만 전혀 그렇지 않다. 소금에 대해 말은 많지만 누구나 수긍할 수 있는 좋은 소금의 기준하나 명확히 내리지 못하고 있는 것이다. 더구나 소금의 생리학적인 기능은커녕 맛에서 역할마저 제대로 말해주지 않는다. 더구나 세상에는 수 만 가지 맛 물질과 향신료가 있는데 왜 소금을 대체할 소재는 없는 것일까? 그 이유에 대해 아는 사람이 별로 없었다.

소금이 없으면 간장도 된장도 젓갈도 없을 뿐 아니라 국도 찌개도 김치도 없다. 소금이야 말로 맛의 지배자인데 소금은 그저 당연한 것인 양 무심히 사용할 뿐 그 의미와 가치를 제대로 알아봐주는 경우는 별로 없다. 나는 소금이야말로 인류 최초의 첨가물이자, 마지막까지 필요한 최후의 첨가물 이라고 생각한다.

참고문헌

- 『화학이 안내하는 바다탐구』 김경렬, 자유아카데미, 2009
- 『소금의 과학』 정동효 편저, 유한문화사, 2016
- 『소금 꽃이 핀다』 국립민속박물관, 2011
- 『소금 지방 산 열 – 훌륭한 요리를 만드는 네 가지 요소』 사민 노스랏 , 제효영 옮김, 세미콜론, 2020
- 『세상을 바꾼 5가지 상품 이야기』 홍익희, 행성B잎새, 2015
- 『작지만 큰 한국사, 소금』 유승훈, 푸른역사, 2012
- 『맛의 과학』 밥 홈즈 지음, 원광우 옮김, 처음북스, 2017
- 『미각의 비밀』 존 메케이드 지음, 이충효 옮김, 따비, 2015
- 『배신의 식탁』 마이클 모스 지음, 최가영 옮김, 명진출판, 2013